永远不要等别人来安慰你

若水 编著

金城出版社
GOLD WALL PRESS

图书在版编目（CIP）数据

永远不要等别人来安慰你 / 若水编著. — 北京：
金城出版社, 2017.3
ISBN 978-7-5155-1167-2

Ⅰ. ①永… Ⅱ. ①若… Ⅲ. ①成功心理－通俗读物 Ⅳ. ①B848.4-49

中国版本图书馆CIP数据核字(2017)第033493号

永远不要等别人来安慰你

作　　者　若　水
责任编辑　雷燕青
开　　本　880毫米×1230毫米　1/32
印　　张　9.25
字　　数　158千字
版　　次　2017年3月第1版　2017年3月第1次印刷
印　　刷　北京欣睿虹彩印刷有限公司
书　　号　ISBN 978-7-5155-1167-2
定　　价　36.00元

出版发行　**金城出版社**　北京市朝阳区利泽东二路3号　100102
发 行 部　（010）84254364
编 辑 部　（010）84250838
总 编 室　（010）64228516
网　　址　http：//www.jccb.com.cn
电子信箱　jinchengchuban@163.com
法律顾问　陈鹰律师事务所（010）64970501

序言
PREFACE

谁不曾流过泪？

清晨，窗外阳光明媚。我卸去一身的疲惫，习惯性地打开窗户，看看窗外的无限春光。这时，对面的咖啡厅传来一阵久违而熟悉的歌声：小小的小孩/今天有没有哭/是否朋友都已经离去/留下了带不走的孤独……

人在世界行走，试问，有谁敢说自己不曾流过泪？从我们出生之时起，我们就开始为脱离母体、失去安全感而啼哭；渐渐长大，我们会为吃不到好吃的东西、弄脏美丽的衣服、遗失心爱的玩具、找不到回家的路而哭泣；等到了懂事的年龄，我们会为学习成绩不理想、考试失利、朋友的离去、懵懂的爱情而黯然心伤；进入社会后，我们会因为职场竞争、情场失意、生活不顺、孤苦无依而彻夜难眠；好不容易进入而立之年，有了安稳的事业和家庭，我们又会为调节夫妻关系、照顾孩子、安抚老人等琐事缠身，弄得自己身心俱疲，委屈流泪；再往后走走，儿女长大，父母老去，我们又会为人生的各种聚散离合而感慨落泪……

在面对人生中这些阴晴圆缺、悲欢离合的变化时，我相信，不仅仅是我，任何人都曾渴望身边能有个人，给予我们安慰和鼓励。可是，在经历过寻找、依赖、痛苦和反省之后，我深刻认识到，也时刻提醒自己，永远不要等别人的安慰，要做一个内心强大的人，自己给自己安慰与鼓励。你想要的安全感，任何人都给不了！试图在某个人、某个工作、某个地方去寻求安全感，是一种固执的愚蠢，最终会让你筋疲力尽却求而不得。其实，人生的某些时刻，你并不是必须要有安全感才行的。你之所以总会想到它，是因为你把它当作你软弱、贪婪和懒惰的借口。

人生，本不安全。每个人都会有自己的焦虑和困惑，每个人都有自己无法解决的难题。如果一个人能够勇敢一点，能正确地对待人生中的得失，那么，他就不会时刻需要安全感。因为，每一种失去反过来都是得到，只不过这种得到需要花费很大的力气并且要经过好久回过头来才能感觉得到。相比成功时的激动，我反而更加偏爱失败所能带给自己的成长。人在成功的时候，总会不可避免的自大，感觉自己犹如天才一般，很多本来可能得到的经验和成长都被埋葬在对自己的高估之中。而失败却能让自己在暗夜里学会思考与反省，从而找到每一个疏忽的细节与教训，并在心底深深记住那些曾让自己很羞愧难堪之事。尽管每一次的失败都会冲淡自己曾经有过的骄傲与自信，摧毁自己曾经拼命努力在内心建立起来的坚固围墙，并让你感到紧张、不安与慌张，但是，它可以为自己打开了一个从未见过和触及到的全新世界。在这里，我能看到自己望尘莫及的东西，以及天外有天的差距，能更加激励自己奋斗的决心。如此想来，我们就能够坦然面对人生的得失，而不必把失去的结果想象得过于痛苦和沉重。

充分认识到人生不安全之后，我们对生活的索求就不会太多。不是别人有的东西，你就必须要拥有。例如，我们苦苦追求的财富、名声、爱情等，这些都是额外的东西，并不是那么必须的。正如苏格拉底所说："在这个世界上，除了阳光、空气、水和笑容，我们还需要什么呢!"很多东西，就是因为我们求之不得，才会没有安全感，才会备受煎熬。所以，请你赶快醒悟，没有什么东西是永远属于你的，坦然放下一切，对生活当下的感知才是最为珍贵的。

要想成为一个内心强大、永远无需安慰的人，就一定要有一颗稳定的内心。因为，生命中的不安，总是源自内心。一个内心没有固定的标准的人，往往很容易受到别人的标准的束缚。如果别人告诉你必须努力赚钱才能过上更好的生活，告诉你必须回到二三线的小城市工作才算安稳，告诉你必须在30岁之前结婚才是最佳时期，告诉你必须这样处理同事的关系才算妥当，告诉你必须这样打扮才是最美…… 你就会不加思考地按照别人的标准去做，最终，弄得自己都不认识自己，变得越来越不安。你的内心必须要有自己的标准：没有钱，你可以活得更自由更轻松；生活虽然有些奔波，你做得却是自己最喜欢的工作；面对情感，顺其自然最好，得之我幸，失之淡然；至于人际关系，择善而从，你不可能交下天下人；每个人的审美标准各有不同，做好自己就是最美的……总之，面对失去的，不害怕难过；对于不属于自己的，不强求挽留；对于不确定的未来，也没有什么可畏惧的。当一个人的内心变得安稳强大了，就不会再有任何困惑，即使陷入困境之中，也能平静下来，轻而易举地找到出口。

当你感觉你很难改变自己所处的这个世界时，你唯一能够做的，就是改变自己的内心。我们每个人都需要这样一种自信——让一切过去。生活，最怕的就是永无休止的焦虑和需求，永不自省，最终，只会让人走向绝望的深渊。

曾有年轻的小朋友问我，是不是长大成熟之后，日子就不会像刚进入社会时那样辛苦了？我的回答是否定的，因为人生中每个阶段都会有不同的任务、不同的欲望和目标，只要你一直都不放弃追求，日子就会一直辛苦下去。只是，当你觉得自己做某件事特别辛苦劳累的时候，这说明你未来的收获也会非常巨大。这个道理，适用于人生的任何阶段，永远都不会改变。

就在我沉浸在春日的美景和无限思考中时，对面的咖啡厅又传来慰藉人心的歌声：如果这生命如同一段旅程/总要走过后才完整/谁不曾怀疑过/相信过/等待过/离开过/有过都值得……我深呼一口清新空气，感觉生活是如此地美好!

谨以此书献给所有渴望自我强大，但仍会在某些时刻流泪哭泣的你：加油！亲爱的朋友!

目录
/
Contents

第一章 CHAPTER | 安慰是挫折的镇痛药

第二章 CHAPTER | 人生是你的，喜怒哀乐都是你的

第三章 CHAPTER | 坎坷是堂人生课，哭过才会有精彩的生活

第五章 CHAPTER | 你遇事淡定了，别人的安慰将是多余的

第六章 CHAPTER | 没有过不去的坎儿，与其等安慰不如自强

第七章 CHAPTER | 逆境是通向成熟的一条道路

第八章 CHAPTER | 保持心态平和，永不中焦躁的魔

CHAPTER

第一章

安慰是挫折的镇痛药

1

有灵魂的时间，每个人都需要安慰

在妻子和油漆匠的鼓励与安慰之下，杰克终于能够坦然接受自己的失明，勇敢快乐地去生活。

其实，在我们每个人的内心世界，都有一部精神的备忘录。关于那些最隐秘的伤痕与痛楚，除了我们自己，没有人知道它曾经滴下多少血泪。任何时候，都不要乞求它会自然消失，那只是一厢情愿的神话。

当然，重新揭开记忆疗治，是一件需要莫大勇气和毅力的事情。所以，很多人宁可自欺欺人地装糊涂，也不愿清醒地焚毁自己的心理垃圾。如果就这样放任自流，也许会在某一个意想不到的瞬间，全然崩塌，再也无法治愈。

因此，在有灵魂的时间，我们每个人都需要安慰。任何时候，我们都要寻求一种适合的方式，关怀自己的心灵，保护它、医治它，让它得到安慰，不断变得强大起来，而不是一再去压迫它、掩盖它、蒙蔽它。只有敢于正视伤痛，我们的心灵才会清醒而有力地搏动着。

2

安慰是挫折的镇痛药

我有个闺蜜，现在在国外做心理医生。她有一次回国，在闲谈中，她说起她对国外许多心理疾患久治不愈的人，竭力推荐一种中国疗法。我马上想到了是中药，因为很多中药都具有疏通经络、调节气血，化解抑郁的神奇功效。她抿嘴一笑，否定了我的答案。她说，这种疗法，不必口服药物，也不必注射，而且每个人操作起来都是极娴熟的。

没想到曾经弱不禁风、羞涩胆怯的她竟然在不知不觉中修炼成这般绝技在身，于是，我继续追问到底是怎样的疗法。她说，就是寻求安慰！那要怎样寻求安慰呢？例如，寻找心理医生、智者，或是亲人好友。接着，她说起大学那会儿，我们俩总是形影不离，常常在操场边的丁香花下，畅谈到深夜，学业的压力，情感的失落，等等。我恍然大悟。在那一晚，我俩索性将各自的家庭，心里的一闪念，还有生活苦恼和希望，都漫无边际地聊了个够……直到现在，我在午夜梦回的时刻，还时时会闻到一股沁人心脾的丁香花的香气……

随着社会物质文明的进步，人们对自己的生理健康越来越关注。哪怕微风吹落了草帽，也要赶快吞几片感冒药预防。但人们对自己的心理关怀太不够了，很多人在遭受挫折后，就自己躲在角落里一味的沉默消极，久而久之，痛苦就会越积越多。这时，我们不妨为自己寻找一个宣泄渠道，可能别人的一句话，一个行动，就能让你忘却痛苦，走出困惑，开始新的生活。

张森立志在40岁成为百万富翁，35岁时，他发现这样的愿望根本达不到，于是放弃工作开始创业，希望能一夜致富。五年间他做过许多事情，可惜每次创业都失败，结果家庭也逐渐陷入绝境。他每天借酒消愁，抱怨老天对他不公。他的妻子想说服他重回职场，但又苦无对策，于是寻求高僧协助。高僧了解状况后跟妻子说：“如果你先生愿意，就请他来一趟吧！”

张森为了敷衍妻子，只好前来。高僧不发一语，从屋檐下拿起一支扫把，跟这位先生说：“如果你能把庭院的落叶扫干净，我会把如何赚到亿万财富的方法告诉你。”张森虽然不信，但见高僧如此严肃，心想还是试试看吧。他接过扫把开始扫地。一个钟头后，他好不容易从庭院一端扫到另一端，眼见总算扫完了，却看到刚扫过的地上又掉了满地的树叶。他只好加快扫地的速度，希望能赶上树叶掉落的速度。但经过一天的尝试，地上的落叶跟刚来的时候一样多。张森怒气冲冲地扔掉了扫把。

高僧指着地上的树叶说：“这人生中的伤害就像地上扫不尽的落叶，一层层地盖住了你的耐心。人生中的伤害到了该你成功的那天，自然就不再来临，正如秋天的落叶，一定要等到冬天叶子都掉光后才能扫得干净，可是你却希望在一天就扫完地，你问问自己，你的耐心在哪里呢？”高僧又对张森说，为回报他今天扫地的辛苦，在他们回家的路上会经过一个谷仓，里面会有上百包用麻布袋装的稻米，每包稻米都有一百斤重。如果他愿意把这些稻米帮他搬到谷仓外，在稻米堆后面会有一扇门，里头有一个宝物箱，里面是善男信女们所捐赠的金子，数量不是很多，就当作是今天你帮我扫地与搬稻米的酬劳。

张森喜出望外，看在金子的份上，他去了那个谷仓，一包包地把这些稻米搬到仓外。快搬完时，他看到后面真的有一扇门，兴奋地推开门，里面确实有一个宝物箱，他打开宝物箱后发现里面有一个麻布袋。麻布袋里是一把黑色小种子和一张纸条。他捡起纸条，上面写着：这里没有黄金。

张森失望地把手中的麻布袋重重摔在墙上，愤怒地转身打开那扇门准备离开，却见高僧站在门外双手握着一把种子，轻声说："你刚才所搬的百袋稻米，都是由这一小袋的种子费时四个月长出来的。你的耐心还不如一粒稻米的种子，怎么听得到财富的声音？"

张森顿悟。回去之后，他重振旗鼓，不再借酒消愁，终于一步步地迎来了事业的巅峰。

所以，无论何时，当你遇到烦恼、困难、挫折时，不妨与你身边的人多进行一下交流，让他们和你一同分享痛苦，你的心情会比以前开朗许多，也会让自己有了解决困难的信心，看到了希望之光，推动自己继续向前、迎难而上。

所谓"当局者迷，旁观者清"，很多人在遭遇挫折时，很难在短时间内清醒地认识它、排解它，这时就需要有"旁观者"的安慰，你可以去找心理医生，也可以去找亲人朋友等。最好的办法就是找朋友谈心，不必花费高昂的心理咨询费，不必让亲人担忧，也不会难以启齿。对于任何人而言，不妨多交几个朋友，尤其对于女人而言，一定要有一个你可以在她面前哭泣的女友。这里的朋友所指的绝非是那种萍水相逢或是生意场上、权力场上因为利益关系逢场作戏而结交的伙伴，应该是交往多年知根知底善解人意的朋友。例如，如果你提到一片叶子，她马上就会知道风向。哪怕你在婚后爱上别人，你也无须辩解自己是个好女人，你与之探讨的只是该如何解决问题。而且，她真诚善良，绝不会把你的秘密大肆宣扬出去。如此一来，你在向朋友倾诉的过程中，就能够得到理解与安慰，使得受伤的心灵得以慰藉。

对于遭遇挫折的人而言，安慰确实是一剂镇痛药，可以让人忘却苦痛，心灵得到慰藉。这就可以解释为什么很多人在孤独无助的时候会想找个踏实的肩膀靠一靠，无非就是想寻求一种心灵上的安慰。

3

伤心时刻，安慰就是冬日温暖的阳光

某个冬日的傍晚，那天的天气刺骨得寒冷，我和表姐约好出去吃饭。我们如约在餐馆门前碰面，这时，在昏黄的灯光下，我们突然看见一个女孩痛哭着迎面走来，她一边走，一边泪如雨下，甚至发出绝望的哭喊，仿佛这一刻就是世界末日。不知道女孩究竟发生了怎样的事情，但我能感到她全身都是悲伤。再看看表姐，她的脸上也流露出一丝悲伤和怜悯，她说她要上前去安慰一下那个女孩，但是被我阻止了，天色这么晚，我怕她的唐突吓坏了那个女孩。

吃饭的时候，我问表姐，你刚才想去安慰那个女孩，你看她哭得那么伤心绝望，你能对她说些什么啊？表姐想都没想就说：

“我想告诉那个姑娘，‘姑娘，坚强点，一切都会好起来的！当你感到走投无路的时候，就是峰回路转的时候……’”接着表姐又说，这句话是曾经有一个朋友对她说过的。十几年前的一个傍晚，她也像刚刚我们看到的那个在街上的女孩一样，绝望痛哭过。

确实，每个人的一生，都有遇到低谷、受伤和落魄的时候。我问表姐：“你在最艰难的时候，是怎么挺过来的？”她回答说：“幸好遇见一位朋友，在她的鼓励下，我咬紧牙关，一天天地挺了过来！”接着，她便向我讲述了她的经历。

那是2002年，那时候，表姐因为失恋，一时冲动辞掉了工作，退掉了房子，背包离开了已经奋斗到刚要站稳脚跟的北京，她从北京漂到上海，在上海漂了半年以后，再次回到北京，住回没有阳光的地下室，一切重新开始。表姐说这是上天对她冲动的惩罚，她必须承受。

要想继续生存下来，表姐首先要找到一份合适的工作，但是，她屡屡碰壁，心中为此十分焦虑。好容易找到一家广告公司，但是活少，下班还要被老板带去陪客户吃饭，喝得胆汁都要吐出来了。不到一个月，她所在的那家公司便倒闭了，连最后的工资都没发。眼看着日渐变少的积蓄，表姐只能顿顿吃泡面充饥。马上又要交房租了，她又不好意思和父母开口说，她觉得他们给她的已经足够多。可是，她在这个城市没有可以依靠的朋友亲人，也没有可以倾诉的人。在走投无路时，她甚至去了一家夜总会门口转了又转，就是没有勇气走进去面试那份高薪的工作。

百般无奈之下，也是在一个寒冷的冬日，表姐只好硬着头皮去找她曾经的男朋友，希望能从他那得到一点帮助，但是，她的那位男朋友竟然狠心将她拒之门外，她在门外摁了好多次门铃，最后得到的是："我们已经分手了，不要再来找我，我现在已经有新的女朋友了……"她的心极度受伤，整个人逼近疯狂。她从男朋友那里回来，不知所措地在大街上走了足足两个小时，然后坐在天桥路边上，面对汹涌人潮，她放声大哭。表姐说至今想起来，那种无力感，仍让她觉得心酸。

后来，一位在旅行途中认识的朋友帮助了表姐，那位朋友把蓬头垢面、眼泡浮肿、嘴唇脱皮、浑身冰冷的她带到家里，给她熬了一碗梨汤。她说那是她迄今为止喝到的最温暖、最难忘的一碗梨汤。然后，那位朋友对她说："在你感到无法再坚持下去的时候，你仍要再坚持一下。相信我，往往就在你觉得走投无路的时候，也就是峰回路转的时候……"那位朋友告诉表姐说，这是她自己的人生经验，千真万确。但是，当时表姐一点也不信，万念俱灰地对那位朋友说："每个人都说'总有一天会好的'，但是，我真的不知道，‘有一天’究竟是哪一天啊？”那位朋友说：“你现在要做的就是找份工作，别让自己饿死冻死。只要活着，一切都会好起来的。心情不好，你就忍着；没有人陪，你就孤单着；饿了就吃，渴了就喝，睡不着就醒着，累极了就会睡去。日子会一天一天地过去，日出又日落，你就这样熬着过。又能怎样？别堕落，别走歪了。到了某一天，你会发现自己终究会挺过来，到那时，你就会知道什么叫柳暗花明。凡是糟糕到了极点，就一定会一点点好起来。”

后来，表姐的经历验证了她的那位朋友的话的正确性。表姐咬着牙，哭完再哭，就那样坚持地走下去。不知不觉，转机就来了。她先找到了糊口的工作，然后找到机会换工作，然后再学习做管理，最后，回到东北老家自己创业，如今成了一名小有名气的广告公司老板……

表姐说，她很感谢这些经历，给了她一颗勇敢的心。她更感谢那位朋友，在她最伤心绝望的时候，送给了她人生中最温暖的一句话，那句话，就犹如冬日的阳光，温暖了她那颗冰冷绝望的心。后来，表姐也不止一次把这句话送给身边那些一再遭受打击、在绝望中挣扎的朋友，她总是对他们说：“过了这个坎儿，一切就都会好起来。”他们有的不信，有的信了。时间，最能说明一切。当他们走过人生的不堪阶段，他们说，真的很感谢当初拼命吃苦的自己。

在伤心时刻，安慰就像冬日里温暖的阳光，温暖一颗受伤冰冷的心灵。人生就是如此，只要你挺过最艰难的时刻，你就一定能过上你想要的生活。这时，你再回头看看，虽然还记得那时的眼泪，但心里已经没有痛。那时的磨砺，那些温暖的安慰，往往让人更成熟，更知珍惜。

今天是一个结束，又是一个开始。昨天的成功也好，失败也好，今天都可以重新开始，重新开拓自己的人生。昨天失败了，不要紧，今天忘了它，总结失败的教训，继续新的努力。即便昨天是成功的，今天依旧要重新开始，在成功的基础上继续努力，争取更辉煌的进步。

其实，生活就如同一面镜子。你对它笑，它就对你笑；你对它哭，它就对你哭。你畏惧困难，困难就压在你的肩上；你看淡困难，困难就踩在你的脚下。没有爬不上的坡，没有下不去的河。

别人拥有的，你不必羡慕，只要努力，你也会拥有；自己拥有的，你不必炫耀，因为别人也在奋斗，也会拥有。多一点快乐，少一点烦恼，不论富或穷，地位高或低，知识浅或深。每天开心笑，累了就睡觉，醒了就微笑。很多事，不是我想，就能做到。很多东西，不是我要，就能得到。很多人，不是你留，就能留住。有些人，就像指缝的阳光，温暖，美好，却永远无法抓住。不再挣扎，不再留恋，一个人也很好。

天下事有难易乎？为之，则难者亦易矣；不为，则易者亦难矣。面对困难，哀叹无用，抱怨无用，逃避更无用。而只有迎难而上，勇于承受，才会化解困难，进而战胜之。

在人生中，如果伤痛不可避免，我们唯一可以做的，就是让自己变得强大起来，尤其是要拥有一颗强大的内心。生活有烦恼，不必太在意；事业不顺心，不必太在意；情感有波折，不必太在意——因为，明天又是新的一天！

4

安慰能忘却一段痛，给人踏上新征程的勇气

我有一个大学室友，她美丽、温柔，她有一个很爱她的丈夫，她还有属于自己的事业。可是，就是这样的一个幸福女人，却曾为情所困，险些丢了生命。

大学毕业参加工作后，她相恋四年的男友提出分手，她在电话里跟他吵架，要他回到她身边。

他说："感情的事是不能勉强的，我已经爱上了别的女孩。"

于是，她愤然用两把刀割开了自己的动脉。

庆幸的是，她没有死，而他也没有因此就回到她身边。从此，她不再相信爱情。

再后来，她遇见了一个待她极好的男人。在这个男人无微不至的关怀与鼓励下，她渐渐忘却了过去的伤痛，重新开始了一段新的恋情。

如今，很多年过去了，她说她不后悔，她说那个时候的她的确可以为他死，因为，在那个时候，她除了他以外，她一无所有，她像抓住一根稻草一样想抓住他。如今，她说她再也不会做当年那样的傻事，因为她有一个视她为生命的男人爱她，而且她现在还是一家企业的老板，拥有越来越多的员工，她当然舍不得放下这一切而终结生命。

生命中有太多不能承受的痛，那是人生不想直接面对的现实。当那一刻来临的时候，我们会哭泣、伤心、逃避，甚至还会做出一些极端的行为。但是，无论如何，我们都不能因此放弃自己、一蹶不振，一定要坚持走下去，或许，走着走着，我们就会遇到一些能慰藉我们心灵的人和事，从而给予我们踏上新征程的勇气。

女孩小的时候，家住在一个寂静的小镇，而她却格外活泼好胜。在她八岁那年，一天傍晚，妈妈叫她去买盐，途径一条偏僻的小路，她被一个流浪汉强暴了。妈妈带着她立刻报了警，那个流浪汉受到应有的惩罚。他们一家本以为这件事从此就会被人遗忘，就像从没发生过那样。孰料，小镇的人对这种事却保持着经久不衰的记忆和口口相传的热情，无论是在学校，还是在街道上，只要有人的地方，她总能时不时地听见有人在她背后指指点点，议论着什么。女孩就这样在人们异样的目光和无数的议论中渐渐长大，但是，她却越来越觉得卑微。因为她觉得自己很不洁净，所以，无论走到哪里，她都不敢挺直腰身，而是把头低得不能再低，就像要低到尘埃里似的。终于有一天，女孩再也无法忍受，她冲着父母大哭，要求全家搬走。父母怜惜越来越畏缩的孩子，终于下定决心，搬离故土，远走他乡。

由于搬家，让这个家庭失去了稳定的收入来源，生活变得越发拮据。但随着家中的日渐贫困，女孩却缓缓地恢复了过来。在一个没有人知道她的过去的地方，她的生命力振作起来了，她的耳朵也不那么灵敏了，她也不再显得那样卑微，只是特别爱洗脸和洗澡。无论是酷暑的夏日，还是寒冷的冬天，年复一年，日复一日，女孩从不间断地擦洗自己。由于品学兼优，高中毕业以后她考上了一所知名大学。在那所人生地不熟的学校里，她的人际关系很好，只是依旧爱洗澡。哪怕兜里只剩下几块钱，她也宁肯饿着肚子，去买一瓶味道浓郁的沐浴液，把全身彻底洗干净。只有这样，她才会觉得踏实。

童年的阴影难以扼制青春的脚步，表面看来，她已经和旁人一样出落成一个亭亭玉立的大姑娘了。这时候，一个男孩走来，对她说了一句话："我喜欢你！喜欢你身上的味道！"在经历了无数次的挣扎之后，女孩痛苦地开始了这段恋情，同时，她更加频繁地洗澡。

一切都顺利而艰难地向前发展着。让人没想到的是，女孩在迎接大一新生的那一天，看见了她曾经在小镇的邻家小妹。尽管女孩一再躲闪那个邻家小妹，可是从小就眼尖嘴快的邻家小妹很快就认出了她。她很害怕，她预感到她的生活再无宁静，而这一次，她会失去更多。

果然，没有多久，女孩在小镇的故事很快就在学校流传开来。男孩找到女孩，问她："你告诉我，那是真的吗？"她很绝望，过度的绝望使她变得无所顾忌，她红着眼睛狠狠地说："是真的！怎么样？"那个男孩也真是不含糊，他很干脆地说："就算是真的，依然改变不了我爱你！"那一瞬，她觉得天地顿时明亮起来，有如此这般的爱人，她还有什么可畏惧、可忧虑的呢？

于是，女孩把那个压在心里多年的噩梦讲了出来，连同她的恐惧、苦痛、委屈都一股脑地说了出来，她边说边流泪，直到再也没有眼泪可流。男孩紧紧地抱住女孩，说："我爱你，就能接受你的全部，我会用我一生的时间去保护你，再也不会让你受到任何伤害！”

从那天起，女孩获得了新生，她彻底放下过往，仿佛又回到儿时那般阳光开朗。大学毕业后，女孩和男孩来到同一个城市，各自找到了一份稳定的工作，接着又结婚生子，过上了他们想要的幸福生活。

其实，对于一个人而言，挫折痛苦并不可怕，可怕的是失去了重新生活的勇气。人的一生要经历很多个阶段，一个阶段的生活结束了，无论你曾经经历怎样的苦痛，都已经成为历史过去了。你唯一能做的，就是在人生的下一个阶段，寻求到慰藉人心的人和事，让自己彻底忘掉过去的所有苦痛，然后鼓足勇气，重新开始。无论何时，只要你愿意去努力改变现状，一切都还不晚，一切都还来得及。

在我们短暂的人生中，如果伤痛不可避免，我们唯一可以做的，就是让自己变得强大起来，尤其是要拥有一颗强大的内心。生活有烦恼，不必太在意；事业不顺心，不必太在意；情感有波折，不必太在意——因为，只要我们鼓足勇气重新开始，明天又会是新的一天！

5

爱是安慰的源泉，感谢安慰你的人

临睡前，我像往常一样，拿起一本童话故事书读给女儿听，今天，我讲到的是《海的女儿》，女儿一边兴奋地看着插画一边认真地听我解读。对于两岁的女儿而言，她喜欢听这个故事，可能只是单纯出于好奇，或是故事里的插画色彩明亮，或是只是享受和妈妈在一起的安全感，而对故事的内容和情节丝毫不懂，当然，这也是她这个年龄所无法认知和理解的。但是，于我，虽然记不清是在何时对这个故事有了记忆，而时隔多年后再次读到这个故事，却让我沉思许久。

人鱼公主为了自己深爱的王子，不惜用自己引以为傲的美丽声音与巫婆交换，不惜忍受在刀尖上跳舞的剧痛，甚至不惜牺牲自己生命来换取王子的生命。人鱼公主之所以能够忍受那么惨烈的痛苦，而甘愿化为气泡也要保全王子，就是源于人鱼公主内心深沉的爱。在外人看来，人鱼公主的命运是悲惨而值得同情的，因为她为了王子忍受刀尖舞步的痛苦，甚至牺牲了生命，而王子却全然不知。但是，对于人鱼公主而言，在她化为气泡的那一刻，她心中定是对王子充满感激，因为王子的出现，她懂得了爱，学会了成全，摆脱了漫长的百年孤独，感悟到人世间的美好……这飞蛾扑火般的绚烂，足以安慰那颗伤痕累累的心。

爱是人类精神的一种最深沉的冲动。爱使一个人成为人，如果一个人不努力发展自己并以此达到一种创造倾向性，那么每种爱的尝试都会失败；如果不具备爱他人的能力，如果不能真正谦恭地、勇敢地、真诚地爱他人，那么人们在自己的生活中永远也得不到满足。

人的一辈子并不长，要做的事情有很多，但最为重要的事应该是了解和修好爱的这门艺术课，因为只有这门课程才能使我们感到生命的意义，感到自我和他人的存在，并在艰辛苦痛的人生中得到安慰。所以，在茫茫人海中，我们要学会感恩那个给你带来安慰的人。

奥地利著名作家西默尔的《爱情是最后一座桥》描述了发生在

一个女人和两个男人之间的一段奇妙凄婉的爱情：

菲利普的父亲在其生前就去世了，自小与母亲相依为命，家境贫寒，摆脱贫困是他唯一的目标。在他不懈努力下，先后在汉堡和法兰克福的高科技公司担任高级技术职位，菲利普与前妻凯茜极其恩爱。可是婚后三年，凯茜却在儿子出生时不幸去世。这时，凯茜的姐姐伊雷妮前来帮助照顾新生婴儿，一年服丧期满后两人结婚，但伊雷妮雍容华贵，孤傲冷漠，而且十分嫉妒菲利普与妹妹的爱情。婚后，两人貌合神离，夫妻关系形同虚设。

克洛德是一名摄影师，自幼家境贫寒，常被派往各地拍摄战争题材的照片。克洛德在一次去刚果战场拍照时被她信赖多年的朋友强暴，身心受到极大伤害。自此，她不再相信任何男人。

赛尔日三岁时，他所有亲人在战争期间被阿尔及利亚秘密组织杀害了。19岁时，在一次车祸中失去了性功能。

克洛德、赛尔日、菲利普三人在机缘巧合中相遇，各自的痛苦经历让他们三人能够彼此体谅、相互包容与安慰，同时，也使得他们三人的关系由最初的克洛德与赛尔日的精神之恋——克洛德与菲利普的身心之恋——赛尔日、克洛德、菲利普三人之间的互融之爱。正是因为有了这种爱，使得他们三人受伤的心灵得到慰藉，重获新生：克洛德在被朋友强暴后，她不再相信任何男人，但是，与赛尔日的精神之恋，让她精神上得以依托，而邂逅菲利普后，她受伤的心得到了抚慰，最终能够勇敢无畏地生活；在菲利普迷茫无助时，与克洛德再坠情网，他如获新生，并找到了生活的方向；塞尔日因为与克洛德保持着精神之恋，使他在精神上有了寄托，心灵得到慰藉。

当然，西默尔的爱之桥是他幻化出来的，但是，在现实生活中，爱，确实有慰藉人心的力量，它可以让人获得生活的动力和勇气。而在现实生活中，压倒我们的不是生活的挫折和苦痛，而是你失去了生活的勇气。所以，我们每个人都需要爱的慰藉。

刘墉曾说："我们因爱而生，因生而爱。"正是因为有了友爱、亲情、性爱等等这些最具体的爱，我们才不断地建立和丰富了与世界的联系。学会深深地爱一个人，你在此所建立的不只是与这个人的联系，而且也是与整个人生的联系。一个从来不曾深爱过的人与人生的联系也是十分薄弱的，他虽然生活在这个世界上，但他会感觉到自己始终是一个局外人。爱的阅历决定了人生内涵的广度和深度，一个人的爱的阅历越是深刻和丰富，他就会越是深入和充分地生活。

西默尔在小说中问到："在当今世界上，我们能保护自己吗？""有人能保护自己吗？""我们还能保护自己多久？"答案是："只要我们相爱""爱情是最后一座桥"。爱是一个人获得安慰的源泉，只要我们将爱常驻于心并心存感恩，那么，我们每个人的生命必将收获诸多的温暖与感动！

6

自我安慰是疗伤的良药

前不久，我的女友秋打电话欣喜地告诉我：“这一次我终于要结婚了！”她终于要结婚了！我真为她高兴！

秋是我的大学同学，从我认识她起，她始终都在不停地谈恋爱，不停地更换恋爱对象。而作为好友，她每次失恋后，都会到我这来寻求安慰。我已记不清她谈过多少次恋爱了，但我知道，她每次恋爱都很投入，但最后都无疾而终、没有修成正果。用她的话说，她命不好，遇到的都是些“渣男”。可是，凭我多年对她过往的了解，她在爱情上的失败不全在于对方身上，与她自己有着直接关系。

秋的父母在她四岁的时候就离婚了，她从小寄居在外婆家，因此她极度敏感，也很缺乏安全感。长大后，她就把多年来缺失的爱和安全感都寄托在爱情上，所以，这些年来，她一直在寻找一个能为她带来安全感的男人。她通过各种渠道结识了很多男人，有大叔型的，也有小清新型的；有一见钟情的，也有日久生情的；有寸步不离的，也有天南海北异地的……总之，她似乎把天下各色类型的男人谈了个遍，可都没有找到她想要的安全感。

这些年来，秋不断受伤，为了修复伤口，她总是借助下一段恋情来疗伤。可是，这样真的有效吗？记得两年前，半夜十二点我接到秋的电话，她告诉我她又失恋了，她说她这些年看似内心强大，其实内心早已千疮百孔，她想要的安全感从来没有得到过。我告诉她，其实，安全感是自己给自己的，即使有幸从别人那里得到的安全感，也是一时的安慰，所以，不能总指望别人为你疗伤，你要学会自我安慰，自己为自己疗伤。当你的内心变得足够强大，你就再也不会觉得没有安全感……

不知是我的一席话真的奏效了，还是秋自己彻底想明白了，从那次之后，我很长时间没有听到她谈恋爱的新消息，直到后来她遇见了她现在的结婚对象。一次朋友聚会，她说她终于活明白了，她再也不会在任何男人那里找安全感了，她学会了自己为自己疗伤，当自己变得足够强大时，一切都会随之而来……

人在极度受伤的时候，我们总会希望为自己寻求一个避难所。这样，在外界伤害袭来的时候，我们可以安安心心地躲在里面疗伤。但是，我们要明白，能给我们安全感的只有我们自己。不是说别人都不可信，都靠不住，也不是说我们不能把希望寄托在别人的身上。而是，没有谁可以保证，我们以为可以依靠一辈子的人，可以永远陪伴在你的左右。如果有一天，你信任的人辜负了你，那么，我们拿什么来正视我们即将面临的一切？所以，我们要学会自我安慰，让自己的内心变得足够强大，只有这样，我们的幸福才能得到最周全的保障。

有一个出生在东北一座小城市的女孩，虽然家境不是很富裕，但也算得上丰衣足食。然而，在她上小学毕业的那一天，她在放学骑单车回家的路上，被大卡车撞了，命大没落下残疾，大腿骨折缝了24针。也正是从那时候起，她的悲剧命运就开始了。还没等她痊愈出院，她的父母就离婚了，这是她人生真正意义上的第一个打击。然后，她判给了她的父亲。就在她读中学一年级时，她的母亲又突发脑溢血去世，这是她人生中第二个打击。父亲带着她度过了一段艰难的日子，但至少一切都算平静。高考前夕她意外发现自己怀孕了，吓得和男朋友一起偷偷去诊所打掉了。她的学习成绩一直还可以，结果，那次高考考得一塌糊涂，最后去了北京一所民办大学。这是她人生的第三个打击。大学刚读一年，他的父亲突发心脏病去世，连句话都没来留下来，她回家只看到了父亲的遗体。这是她人生的第四个打击。由于失去了经济来源，她没有办法继续读书，她在北京找了份工作，实习期一个月只有八百块。她在网上认识一个男孩，俩人后来就同居了。结果，那个男孩变心了，就把她赶了出去，她走投无路，口袋里只有两块钱在大马路上晃荡，但是，她并没有因此一蹶不振，反而更加坚定地告诉自己："我一定要站起来，一定要在北京站稳脚跟！"

后来，她的几个朋友一起凑了些钱，也不是很多，大概只有几千块，但是帮她渡过了难关。然后，她自己重新租了个房子，这时工作已经转正，每月一千五百块。她就这样开始了职业生涯。她先后换了很多次工作，谈了几段恋爱，一个外地人在北京，没有高学历，也没有任何关系背景，就靠着自己坚定的信念，坚强地活下来了。

现在，女孩贷款在燕郊买了个小户型，虽然不大，但钱是自己赚来的，从一无所有到现在有了真正意义上的在北京的家。她后来嫁给了一个不错的男孩，虽然那个男孩也没有太多钱，但很疼爱她。她现在已经熬到管理层，月薪过万，可以用得起Dior等名牌化妆品，也找到了属于自己的幸福。

在这个充满未知的社会中，我们不能确认，在接下来的那一刻会遭遇什么样的伤痛。但是，无论我们正在遭受怎样的伤痛，只要我们学会自我安慰，不断地充实自己，突破自己。只有我们自身的能力变得更强了，我们才会有更大的信心来迎接新的挑战，收获属于自己想要的幸福。

我们不妨与外界多多接触。多接触不是为了从别人那寻找安慰，而是为了洗刷自己的心灵，接纳阳光、积极、自信、开朗，放弃黑暗、消极、自卑、忧伤。正是在历经一次次的心灵洗刷之后，我们才会变得越来越自信，越来越强大，越来越光明。

7

他人的安慰是一种难得的恩赐

《飘》是美国女作家玛格丽特·米切尔十年磨一剑的作品，也是惟一的作品。都说“一千个读者就有一千个哈姆雷特”，我在《飘》中读到是“遗憾”：主人公斯嘉丽多年来一直深爱着自己的妹夫艾希礼，或许因为注定得不到，所以她越发固执得不肯放手。而对于深爱自己的瑞德，她却百般排挤，即使嫁给了他，她依然对他表现得极为冷淡……直到瑞德对她彻底绝望而离家出走时，她才意识到瑞德对她的好：每当她孤苦无依时，陪伴她的只有瑞德。在他们共同经历的风风雨雨中，其实她早已爱上了瑞德，只是她自己没有意识到，而错把艾希礼当作自己的最爱。令人遗憾的是，她醒悟得太迟了，否则，她会是世界最幸福的女人。

在实际生活中，我们也会常犯斯佳丽这样的错误：近在咫尺不离不弃的我们不懂得珍惜，远在天边可望而不可及的却又苦苦追求；占有它时感到平淡无味，失去它时才意识到珍贵。生命常常就在这种愚昧的守望和固执的等待中悄然流逝，等到你幡然醒悟的那一天，一切都来不及了，你既得不到你想要的，也失去了对你而言最为珍贵的。所以，茫茫人海，我们要懂得珍惜每一次擦肩而过的人，尤其是曾经给过你安慰的人，他们是上天对你难得的恩赐。

在我们人生的每一个阶段，都会经历不同的人给予我们不同的安慰。他们可能是我们的父母、我们的师长、我们的朋友、我们的领导和同事，甚至陌生人，但无论是谁，我们都应该心怀感恩，铭记生命中这些难得的温暖与感动。

小庆是一名图书编辑，他刚参加工作时，什么事都很积极，他抱着怕被开除的心态，别的编辑每周报10个选题，他会努力报20个，虽然不被采用，但他仍坚持不懈地去做。别的编辑每天工作8小时，他通常要工作十几个小时，有时为了赶稿子还要熬个通宵。如此辛苦，他从来都不抱怨一声，只因为自己喜欢这个职业；他也从来不和别人比较，只看自己是否有收获。如此一来，他觉得他的幸福感每天都是满满的。

有一天，小庆出去办公回来，办公室里只有部门经理和他的前辈小蒋老师两个人。小庆很清楚地听到部门经理说："小庆根本就做不好编辑，干脆让他走人吧。"小庆顿时就傻了，热血上头，嗡地一下就炸了，多年来建立起来的自信一下子被打击得粉碎。他就这样站在办公室门外，不敢踏进去，也许进去就真正要离开这个行业了，过了好久，他站在那没动。里面的谈话也静止了，突然小庆听见小蒋老师说："我觉得小庆挺好的，他能够一个人坐在家里熬一个月写15万字的小说，一天十几个小时一动不动，他能坚持，也有想法，相信不久的将来，一定能成为一名合格的编辑。"

刚参加工作的小庆，面对全新的人群，不知道自己有何不可替代的本事，过得颤颤巍巍，于是总想着整些幺蛾子的创意去突出自己，小蒋老师这么一说，小庆突然意识到了自己真正的优点——坚持，不妥协，可以为了一件事情死扛到底。发挥真正的优点，比另辟蹊径更为重要。

还有一次，小庆做完的稿件被送到校对部门审稿，一审改完稿件后，小庆便把改完的稿件送去校对部门，恰巧那个校对编辑正在对他的主管说："这个小庆是不是新来的？这样垃圾的稿件，以后我可不管了，爱找谁找谁！"这位校对编辑的话句句像针扎一样，刺痛了小庆脆弱的心。可是，小庆还是鼓起勇气，挤出笑脸对那位校对编辑说："对不起，给您添麻烦了，我以后不会了！"小庆本想他会对自己挥挥手说下不为例，可他压根就没正眼看小庆一眼。

人可以因为委屈而作践自己，但不能为了生存而放弃原则。小庆在心里闪过这个念头之后，转身走出校对部，回到座位上沉默了许久，他哭了，他觉得哭出来也许会舒服一点。而恰巧，这一切都被小蒋老师看在眼里，过了十几分钟后，小蒋老师拉着小庆走进校对部，当着校对部所有人的面，冲着那位校对编辑说："以后小庆的稿件必须要校对好，稿件质量如何，不是你一个人就能作定论的，你要是不想审稿，可以走人。"

小庆站在小蒋老师的身后，内心充满了感激。在他最无助的时候，是小蒋老师站了出来，用他能想到的最好的方式给出小庆答案，让他知道自己无须为工作而妥协自己的态度。也让他意识到，即使是很简单简单的安慰与鼓励，对于北漂新人而言，足以让他们铭记一生。

后来，小庆就这样在自己的努力和这位前辈的关照下一步步由新人而蜕变成为新人眼中的前辈，那位前辈带给他的温暖与感动，他始终铭记于心，而且，多年来，他也始终坚持将这份温暖与感动传承给那些曾经如他一般无助的职场新人。

在这短暂的人生中，谁和谁的相遇不是偶然的呢？在茫茫人海里，两个个体相遇的几率只是千千万万分之一，前世的五百次回眸才可换来今生的一次擦肩而过。而且在宇宙永恒的生成变化中，每一个生命诞生也是极具偶然性的。两个偶然的生命偶然地相遇，这种相遇的几率简直是微乎其微。所以，大千世界，有缘相识，幸得他人的安慰，对我们自身而言，是上天对我们难得的恩赐，我们应该更加懂得珍惜。

生命本是一场漂泊的漫旅，遇见了谁都是一个美丽的意外。所以，请珍惜每一个给予你安慰的人，因为那曾是可以让你漂泊的心驻足的港湾!

/

C H A P T E R

/

第二章

人生是你的，喜怒哀乐都是你的

1

人生是你的，喜怒哀乐都是你的

不久前，我有一位朋友在做体检后，发现自己的胸部长了恶性肿瘤。而在这之前，她就已经承受了很多灾难：她的父亲得了帕金森，哥哥因车祸去世，丈夫因外遇而要求离婚，她投资多年的股票突然崩盘，她过去十年辛苦工作的积蓄所剩无几。或许就是因为内心负荷过重，才影响了她的健康。然而，她比我想象中要成熟得多，坚强得多，医生在手术后告诉她“状况没有想象得严重，不需要痛苦的化疗”后，她竟然欣喜地告诉我，老天饶她一命，让我出来和她庆祝一下。

一个刚三十出头的女人，看待命运却能够如此淡定。在我得知这个消息为她哀叹惋惜之时，竟然已经是她认定自己“苦尽甘来”的时候。我问她遭遇那么多变故为何还能平静如昔。她回答说：“其实，我并不平静，我也曾无数次问过老天为何这样待我？但我又知道，人生是我一个人的，所有的喜怒哀乐都是我的，我必须接受这一切！”“这就好比不断下跌的股市，你必须接受事实，不可以逃避，越逃伤得越重，及时断头杀出，或许还能为自己留得一点存款。幸好，我在投资公司工作这么多年，积攒了这点经验，才不至于让我倾家荡产。”她心满意足地说。

这要是在以前，她在股票上摔这么大个跟头，我会认为那是祸，否则，她早已成了富婆。可是，现在想来，那是她的福，使她明白必须及时采取止血行动。

仔细思考朋友的这一席话，使我也顿生相同领悟。可不是吗？我也曾经历过背叛，经历过欺骗，我也曾被承诺给我一生幸福的人重重地伤害过，很多年后，才发现当初的自己固执得很愚蠢。这些事情都曾使我感觉自己如临世界末日一般，使我觉得老天爷对我不公，我如此努力，所作所为也看似毫无瑕疵，为什么还要让我经历这么多痛苦？

往事不必再细数，然而，这些经历让我明白，与其怨天尤人，不如接受现实。告诉自己：是的，这已是事实，是你无论如何也改变不了的事实，唯一的方式只有接受现实，然后，你才会想到自己是否有能力改变这样的现实。而人生，总是在接受现实后有了新的起点，才会静静地开始。

人生是你的，喜怒哀乐都是你的！在通往未来的路上，无论你遇到什么事情，记住，你首先要做的就是要用最快的时间接受现实。相信伤疤会痊愈，相信时间的疗愈力，相信自己还可以凭借小小的努力而有所创造。然后，我们才能跟那颗受伤的灵魂进行对话，和全世界握手言欢。因为接受了那原以为不能接受的事实，我们的视野才会更加宽广，破茧而出的力量往往也是最为强大的！

忽然想起了一句话："二十余年如一梦，此身虽在堪惊。"我在二十岁读它时，不过是"少年不知愁滋味，为赋新词强说愁"而已，谁怕谁啊？人生多的是时间！而如今，历尽沧海桑田、阴晴圆缺，结伴同行的的人越来越少，有些人甚至因为意外事件已经永远地失去了联系的可能，今生再也不会相见。或许，我们真应该为自己庆幸，庆幸自己还活在这个世界上，尽管一路坎坷，至少我们还能感受到喜怒哀乐的存在！

2

别人的安慰很温暖，但这仅是临时驿站

“这是最好的时代，这是最坏的时代，这是智慧的时代，这是愚蠢的时代；这是信仰的时期，这是怀疑的时期；这是光明的季节，这是黑暗的季节；这是希望之春，这是失望之冬；人们面前有着各样事物，人们面前一无所有……”

这段话出自狄更斯的《双城记》，相信它曾触动很多人的心。但是，最打动我的却是小说中的主人公卡顿。卡顿在起初的时候表现得极为悲观冷酷，“我不关心世上任何人，也没有任何人关心我”。但是，当露西出现在他的世界的时候，仿佛一缕温暖的阳光，在驱散了他内心的黑暗的同时，也融化了他内心的冰冷。他自知没有资格去爱露西，但仍愿意为她做任何事，包括献出自

己的生命。最后，他代替情敌走上了断头台，用生命为所爱之人换来幸福。比起冷漠地活着，卡顿在死去的那一刻是幸福的，因为爱给他的生命带来了永恒的温暖。

现实生活中的我们，似乎也一直在等待，等待生命中能够有一个“露西”闯进我们的世界，带给我们安慰，让我们的冰冷世界变得温暖起来。我们就这样等啊，等啊，却从来没有去想过，为什么我们自己就不能成为“露西”呢？当我们自己成为“露西”的时候，我们的世界不就会一直充满温暖了吗？别人的安慰确实能够给我们带来温暖，但这种温暖仅是临时驿站，过后，我们还是要独自前行。有谁能够保证，我们在人生的任何一个阶段都会有幸遇见温暖人心的人呢？

美国有个从事个性分析的专家叫做罗伯特·菲利浦。有一次，他在办公室接待了一个流浪者，这位流浪者因为开办公司失败，导致公司倒闭、负债累累，他只好离开妻女四处流浪。那人进门打招呼说：“我来这儿，是想找这本书的作者谈谈。”说着，他从口袋中拿出一本名为《自信心》的书，那是罗伯特许多年前写的。

流浪者继续说：“我想一定是命运之神在作怪，在昨天下午，我突然发现这本书在我的口袋中。当时，我已经决定跳到密西根湖了此残生。我已经看破一切，认为一切已经绝望，所有人，包括上帝，都已经抛弃了我，但还好，我看到了这本书，使我产生新的看法，为我带来了勇气及希望。我已下定决心，只要我能见到这本书的作者，他一定能协助我再度站起来。”

在流浪者说话的时候，罗伯特从头到脚打量他一番，发现他茫然的眼神、沮丧的表情、十多天未刮的胡须，以及紧张的神态，这一切都显示，他已经无可救药了。但罗伯特不忍心对他这样说。罗伯特请他坐下，要他把他的故事完完整整地说出来。听完流浪汉的故事，罗伯特想了想，说：“虽然我没有办法帮助你，但如果你愿意的话，我可以介绍一个这辈子你能想到的最神奇的人，他可以帮助你赚回你所损失的钱，并且协助你东山再起。”

罗伯特刚说完，流浪者立刻跳了起来，抓住他的手，说道：“看在上天的分上，请带我去见这个人。”罗伯特见他心中仍然存在着一丝希望，便拉着他的手，引导他来到从事个性分析的心理试验室里，和他一起站在一块窗帘布之前。

罗伯特把窗帘布拉开，露出一面高大的镜子，罗伯特指着镜子里的流浪汉说：“这就是那个最神奇的人。”流浪汉一下子愣住了，他觉得自己被戏弄了，他觉得很受辱，于是怒气冲冲地挥舞着拳头说：“你必须给我解释清楚，否则我不会放过你。”

罗伯特平静地说："我没有戏弄你的意思。在这世界上，只有这个人能够使你东山再起，除非你坐下来，彻底认识这个神奇的人。你根本不知道他有多么优秀，你以为他是一个废物。是的，在你对这个人作充分的认识之前，对于你自己或这个世界来说，他都将是一个没有任何价值的废物。"

流浪汉朝着镜子走了几步，用手摸摸他长满胡须的脸孔，对着镜子里的人从头到脚打量了几分钟，然后后退几步，低下头，开始哭泣起来。过了一会儿后，罗伯特领他走出电梯间，送他离去。

几天后，罗伯特在街上碰到了这个人，他不再是一个流浪汉形象，他西装革履，步伐轻快有力，头抬得高高的，原来那种衰老、不安、紧张的姿态已经消失不见。他说，他感谢罗伯特先生对他的安慰，让他重新找回了自己，并很快找到了工作。但罗伯特摇了摇头，说："是你自己拯救了自己，如果你自己不想重新站起来，别人再多的安慰对你而言，也只是临时驿站！"后来，这位流浪者东山再起，成为商界一名成功的商人。

一个人无论多么强大，总会有禁不住生活打击变得脆弱迷茫的时候，而在此时，你跑得越用力，往往会陷得越深。这时候，我们需要的不是从别人那里寻求安慰，而是静下来，与自己谈谈。

这种自我对话，往往能让你从迷雾中看清未来的方向。

马云说过："一个人要成功，关键是要有自我治愈的能力，要学会用你的左手去温暖你的右手。"在人生那段暗淡痛苦的时光里，我们不要试图从别人那里寻求安慰，我们要学会自我安慰。要知道，外界的安慰只能带给你一时的温暖，就像每天东升西落的太阳，虽然能够为你带去光明与温暖，但是，在每一个暴风雨雪的天气，或是每一个漫长寒冷的黑夜，你还是要自己安慰自己。只有在内心深处生成光源，你才能源源不断地获取温暖人心的力量。

3

遇上温暖的心，需要一种缘分

这是一个不知道如何收场的感情故事，故事的主人公是我高中时候的学妹。

我的这位学妹与她男友相识的时候，她23岁，而她的男友已经37岁。那年，她大学毕业后只身一人来到上海，在她工作无门、生活无依的时候，她遇见了成熟稳重、事业有成的他。从一开始，她就知道，他们之间是不可能的。他的老婆漂亮能干，有一个洋娃娃一样可爱的小女儿。他时常在微博里发他们全家生活点滴的照片，大秀甜蜜。可是，她还是没有抵制住这个男人温暖的诱惑，他为她在上海租了一个环境优雅的房子，帮助她找到了一份待遇极好的工作，还有每天早晚的那一条条温柔的短信……没过多久，他们便顺理成章地走到一起。

从刚开始时不想破坏他幸福的家庭，到极度渴望他离婚，再到不想也不问，最后到对生活失去了盼头。7年的时间就这样过去了，她把一个女孩最美好的时光悄无声息、滴水不漏地给了这个无法给她任何承诺的男人。这些年来，没有人知道她的存在，连她自己有时候都不太相信，觉得自己如同一个小丑一般。对她而言，每一次相聚就是莫大的安慰与温暖，狂欢过后便是深海一般的寂寞。不能正大光明地出去逛街吃饭，不能合影秀恩爱，就连香水也不敢擦。在他老婆来电话的时候，不管说得多么尽兴、笑得多么开心，她都得马上闭嘴，沉默，生怕弄出一点异响。不能有事没事去烦他、黏着他，不能打太多的电活。只能默默地等着，想着，耗着。孤独时，他不一定会在身边；生病时，他也不会留在身边照顾左右。每天早上睁眼第一件事情就是看手机，看有没有他的短信；每天晚上临睡前也要把手机放在枕头边，他的一个短信就是她的安眠药。如果实在痛苦不堪，就去酒吧，把自己灌得烂醉，再一个人回去。

她做得到不求任何回报，但是她受不了他的小小的拒绝。她为他买了一件衬衫，欢天喜地给他试，但是他没要。她知道，他若拿回家去没法对老婆交代。他离开以后，她把头埋进衬衫里，痛哭一场。她有些累了，也有些倦了。她想从这场梦中醒过来，可是好难，她不知道自己是否应该为了那片刻的温暖而去忍受无尽的孤独和痛苦……

当我听完学妹的故事后，我竭尽所能劝她放手，人生短暂，你已经把一个女人美好的时光都搭在了一份根本不值得的感情上，又何必让自己的后半生还那么辛苦呢？你一天哭三遍，他能体会到你的苦吗？其实，他没有你想象得那么好。他喜欢这种被你爱的感觉，但他只会一边给你擦眼泪，一边对你说：我是不会离婚的。这种绵里藏针的温柔，不要也罢。

有些伤口，时间久了就会慢慢愈合；有些委屈，想通了也就释然了。生活再不尽人意，我们都要学会自我温暖和慰藉，给自己多一点欣赏和鼓励。我们还年轻，我们还有很多时间和机会去寻找爱，重新去爱。我们有理由相信，总有一份值得你倾尽所有的爱在未来的日子里期待着我们呢。因此，当我们在一段感情中看不到未来，你就要试着放松你的手，也放松你的心灵。

人的一生很长，你在不同的阶段都会遇见不同的人，你要感谢他们曾经带给你的温暖与安慰，但是，你不能把每一个有所交集的人都留在身边。你应该珍惜那些能带给你持久温暖的、能陪你一直走到终点的的那个人，至于那些过客，你应该对他们微笑，然后，让他们过去。

其实，遇上温暖的心，需要一种缘分。缘分没到，无论你如何挽留，如何矢志不移，该走的还是要走，该放手的最终也还是要放手。我也是在经历了很多愚昧的执着和头破血流的伤痛后，才明白了这个道理。大凡世间的一切美好之事，都应该遵循这样一个简单的原则——瓜熟蒂落，水到渠成。

我在遇到我老公的时候，并没有想过将来会跟他结婚，只是一见如故，两个人在一起没那么多的伪装和束缚，很轻松愉快的感觉。虽然那时，我也很恨嫁，很想有一个温暖的家，而且还被父母、亲人、朋友催得不行，但是，当时我真的没有想过，这个人，我一定要费尽心思把他抓住了，别让他逃出我的手掌心！

我们在恋爱的过程也偶有曲折，但是，我的想法很简单：我会好好爱你，其他一切你随意。这是我在经历了几次感情的挫折之后悟出的道理，最好的爱，应该是像呼吸一样自然的，不必为了迎合别人而改变自己，也不能把自己的意志强加于人，更不必去奢求每一次恋爱都能惊天动地、修成正果。至于婚姻，也是水到渠成的事情。如果两个人真正适合的话，就会彼此珍惜那种安稳的感觉，不愿意再去折腾改变了。这时候，就慢慢会想到婚姻，自然而然地就走到了一起。

正如你追求幸福一样，不要整天在心里日夜呼唤着它的到来，你只需要安心过好你当下简单、美好、有爱的生活，然后，好好爱自己，好好待别人，无需去猜测揣摩幸福的方向究竟在哪里。当你能够做到顺其自然，幸福就会不知不觉降临到你的身边。

张爱玲曾经说过："于千万人之中遇见你所要遇见的人，于千万年之中，时间的无涯的荒野里，没有早一步，也没有晚一步，刚巧赶上了。"茫茫人海中，要想遇上温暖的心，需要的是一种缘分。这就要求我们要保持一个随缘的心态，只有这样，才能让人处变不惊、不悲观、不强求，拥有耐心和坚韧，让身心得以安顿。

4

感恩他人的安慰，但绝不能依赖

有这样一个凄美的爱情故事：

她是一个孤儿，自幼孤苦无依，无人疼爱。上了大学，她遇到了一个待她极好的男孩，她体验到了从未有过的温暖与感动。后来，她为了防止他被身边其他的女孩抢走，她献出了她的第一次；大学毕业了，为了留住她所深爱的人，她与他结婚了；几年后，为了让他回心转意，她为他生了一个孩子；又过了几年，当婚姻和孩子都留不住他时，她自杀了。

读了这个故事，或许很多人都会谴责男人的绝情，同情女人的痴情。可是，我在想，她真的爱他吗？其实，她并不爱他，她只是太过依赖他！

生活中，我们常常因为感恩他人的安慰而顿生情愫，久而久之，又错把依赖当成爱，觉得离开这个人就无法生存下去。这不过是一种主观愿望罢了。在这个世界上，离开了谁都能活得下去，而你只是不知道是在什么时候，却已经陷入了这种深深的恐惧之中。其实，就是内心的这种恐惧让你对他人产生了依赖。

从心理学上来看，依赖心理是一种习以为常的生活选择。依赖心理除了表现为对爱人的依赖外，还表现为对父母、朋友、他人的依赖。一个人如果长期保持这种依赖心理，就会逐渐失去长大和自立的机会，最终任何事都需要他人帮忙做决定，从而终其一生都不能对自己的人生负责。

成长总是会伴随着痛苦，但倘若你真正战胜了那些痛苦后，你也就能摆脱对他人的依赖，越发变得强大起来。如此一来，当你走过那个人生阶段时，就不会觉得沉重与遗憾。那些痛苦的经历，正是进步的代价、成长的标志。与它们相遇，表示你将迎来了一个快速成长的时期；与它们较量，你才能收获更有力量的自己。

有一个男孩，被他的父亲逼着去一个很远很荒凉的地方历练，他非常舍不得放下现在自己拥有的一切，心中有一百个不情愿，可是又因为不敢顶撞权威的父亲，那句拒绝一直没有说出口。

男孩的父亲是一个聪明人，他看出了儿子的心事，于是把他叫过来，语重心长地给他讲了这么一个故事：

有一个乡下老人在山里打柴时，看到一只落单的、长相怪异的幼鸟，于是，就把这只怪鸟带回家喂养。老人将这只怪鸟放在小鸡群里，让母鸡养育着。待这只怪鸟长大后，发现它竟是一只鹰，人们都担心鹰有一天会吃鸡。然而，人们的担心是多余的，那只鹰始终和鸡相处得很和睦。但是，村里的人们还是不相信鹰鸡能和平相处，如果哪家丢了鸡，首先便会怀疑被它吃掉了。越来越不满的人们一致强烈要求：要么杀了那只鹰；要么将它放生，让它永远也别回来。

这一家人却舍不得杀它，于是决定将鹰放走，让它回归大自然。他们把鹰带到村外的田野上，但是，没过几天就又飞了回来，他们驱赶它，不让它进家门，甚至将它“打”得遍体鳞伤……许多办法试过了，都不奏效。最后他们终于明白：原来鹰是眷恋它从小长大的家园，不舍离开。

后来，村里的一位老人说：“把鹰交给我吧，我会让它重返蓝天，永远不再回来。”老人将鹰带到附近一个最陡峭的悬崖绝壁旁，然后将鹰狠狠地向悬崖下的深涧扔去。起初，那只鹰如石头般向下坠去，然而，快要到涧底时，它只轻轻展开双翅就稳稳托住了身体，缓缓滑翔，最后，它只轻轻拍了拍翅膀，就飞向蔚蓝的天空。它越飞越高，越飞越远，渐渐变成了一个小黑点，飞出了人们的视野，再也没有回来。

或许，这只鹰开始一直都很不理解，它不知道为什么养它爱它的那些人突然间变得如此的冷漠，要把它扔在荒郊野外不管，要把它打得遍体鳞伤，甚至要把它从悬崖上扔下去。但是，相信从它开始展开翅膀飞翔的那一刻起，它心里一定充满了感恩，明白了那些善良的人的用意：这样“伤害”它，只是为了它的成长。

听了父亲的故事，男孩终于明白了父亲的良苦用心。他痛下决心，决定远行去历练。

其实，在现实生活中，很多人何尝不像那只鹰一样，总是过于依赖他人，对舒适安逸的生活不舍放弃呢？但是，我们终究要成长，终究要回到属于自己的那片天空中，所以，对于那些曾经给予你安慰的人，我们可以心怀感恩，绝不能过于依赖。否则，我们就永远也无法找回属于自己的那片天空。

在这个社会，你要想立足，首先就要学会独立，不去依赖任何人，因为任何人都不可能永远推着你前进。或许你有幸一度得到高人指点帮助而前进一大截，但是，你切不可在原地守株待兔，妄想天上还会掉馅饼，你一定要排除万难，自己主动前进，只有这样，你才能很快到达你的预设目标。

5

依恋他人安慰是一种生存脆弱的表现

微微在微信朋友圈发布了一句话：我等的那个人始终不来，我知道我等不到了……看完后，我感到莫名其妙，就发了消息问她是怎么回事，她说她离婚了！

微微竟然离婚了？这让我大吃一惊！要知道，微微和她的老公于飞可是我们大学同学中唯一修成正果的一对恋人，大学时候，于飞可是费了好大力气才追到才貌兼优的微微，怎么说离就离了呢？

接着，微微向我讲述了她这些年的过往。

微微说她从小就缺乏安全感。因为自幼父母离婚，她便跟父亲一起生活，而父亲每天都要去上班，常常把她一个人锁在屋里，黑洞洞的。那时，她就期盼着有人能破门而入把她救走……后来，她遇到了于飞，她本以为于飞是那个人，于是，她很依赖他，觉得他就是她的王，可以为她赴汤蹈火，解决一切问题……可事实证明，他不是！

微微说，她和于飞在一起的十年来，是她一生中最惊心动魄的十年，也是最缺乏安全感的十年。大学毕业后，于飞考上了公务员，可是基层公务员的薪水其实很微薄，根本就养不起他们两个人，但是，于飞对她隐瞒了实情。毫不知情的微微不甘于平庸，便决定考研，于飞也同意了她的做法。考虑到经济的问题，他们两个人便同居了。于飞每天上班，而她则蜗在家里拼命复习，给于飞做饭、洗衣、收拾屋子……她必须让自己忙碌起来，否则，她就会胡思乱想：他为什么不给我打电话？他为什么不回家吃晚饭？他为什么没有注意到我的新发型……她的世界变得越来越小。

很快，生活便暴露了真相。在那一年多的时间里，不堪重负的于飞在一次酒醉后吐露了真相："你知道我的工资有多低吗？你知道我把三张信用卡都刷爆了吗？只为了给你买花，买衣服，买戒指，哄你开心！我为了挣钱去炒股，股票又被套，现在负债十几万……"得知真相后，微微烧了书，放弃了考研，去一家报社做了编辑。

第二年，微微和于飞结婚了。婚后，在他们共同的努力下，钱越来越多，他们还清了所有债务，然而，生活却没有变得更加轻松愉快。于飞开始忙了起来，回家的次数越来越少……有一天，她在他包里发现了女人的口红，她明白了一切。于是，她成全了他，他们便离婚了……

当我问起微微现在的状况，她说，她现在做了主编，收入是过去的五倍，她终于平静下来了，她不再像过去那样期盼别人来救她，她终于摆脱了对他人的依恋，能够坚强独立地生活着……

“我不能没有你”是爱情故事里的经典台词，很多人都如微微这样错把依恋当成爱。其实，依恋他人安慰是一种生存脆弱的表现。你坚信着离开另一方你会活不下去，可是，那并不是爱，或者说爱已经变质，变成了一种对生存的恐惧。

人，始终要靠自己活着，而且只能靠自己活着。在人生的不同阶段，应尽力达到应有的独立水平，拥有与之相适应的自立精神。缺乏独立自主个性和自立能力的人，连自己都管不了，还谈何发展？

美国总统约翰·肯尼迪的父亲从小就注意对儿子独立性格的培

养。有一次他赶着马车带儿子出去游玩，在一个拐弯处，因为马车速度很快，猛地把小肯尼迪甩了出去。当马车停住时，儿子以为父亲会下来把他扶起来，但父亲却坐在车上悠闲地掏出烟吸起来。

儿子叫道："爸爸，快来扶我。"

"你摔疼了吗?"

"是的，我自己感觉已站不起来了。"儿子带着哭腔说。

"那也要坚持站起来，重新爬上马车。"

儿子挣扎着自己站了起来，摇摇晃晃地走近马车，艰难地爬了上来。

父亲摇动着鞭子问："你知道为什么让你这么做吗?"

儿子摇了摇头。

父亲接着说："人生就是这样，跌倒、爬起来、奔跑；再跌倒、再爬起来、再奔跑。在任何时候都要全靠自己，没人会去扶你的。"

从那时起，父亲更加注重对儿子的培养，经常带着他参加一些大型社交活动，教他如何向客人打招呼、道别，与不同身份的客人应该怎样交谈，等等。

其中一位客人这么问肯尼迪的父亲："他还这么小，你这么要求他，是不是太难为他了？"谁料肯尼迪的父亲立刻回答："哦，我这是在训练他当总统呢！"

一个人总是依靠他人，他将永远也不会长大，永远也不会强大。如果当时肯尼迪的父亲去扶起他，那么，肯尼迪也许就无法成为日后的总统。作为年轻人，你一定要知道，别人的安慰就是再温暖，都不可能庇护你一辈子，迟早有一天，你都要走上独立的道路，而这一天越早来临对你就越好。

一个城市表面越繁华，其内在就会越孤独，因为在繁华的背后，总会有很多孤独的灵魂。每一扇窗户里面，都是冷漠而不想相互靠近的孤魂，因为靠近会产生温暖，而温暖虽然可以带来内心的慰藉，却更容易让人丧失斗志与果敢，依赖是奋斗路上最大的绊脚石。

其实，在这个世界，你离开谁都能够精彩地过一生，你的人生不能指望别人来成全，你的幸福是掌握在自己手中的。任何人都应该有这样一颗任性的心，任何人都该有这样的能力把自己的人生过成自己想要的样子.

想旅行了，说走就走；不想工作了，马上就炒老板的鱿鱼；周末，一个人坐飞机去布拉格，只是喂一下广场的鸽子；电影院包个场，就为安静地看一部电影……

你可以任性，但是，你不能恣意妄为，而是必须要具有这样的本事，才能按照自己的意愿去生活。你必须有能力推着生活走，而不是被生活推着走，把命运寄托在别人身上。即使命运让所有的人都离开你，让你一无所有，你也要学会用信心、智慧和执着，磨练出美丽精彩的人生。

6

成长就是一种摆脱安慰的过程

我有一位朋友，她和一个男人谈了8年的恋爱，然后结婚，但婚姻只维持了1年。男人走的时候，十分干脆，就像突然变了一个人，冷血，无情。这个女人的生活从此陷入了混乱与焦虑之中。

在过去的9年里，她过着衣食无忧的安逸生活，就算天塌下来也有她的男友为她撑着。她从未想过这个男人会有离开的一天，就这样在他的庇佑下安稳度日。而当这个男人离开的那一刻，她头顶的那片天也随之坍塌了，她不知所措，生活一片混乱，甚至连交个水电费这样的小事她都不知道该如何下手。她整夜整夜地无法入睡，每每想起这8年的时光，她就肝肠寸断。早晨起来，眼圈是黑的，天是暗的，心灰意冷，悲伤灌满全身。

为了帮助她，我建议她去看心理医生。见面的时候，那位心理医生并没怎么开导她，只是说，每个女人，都有这样的艰难时刻，她自己曾经也有过，但她通过读一本经书渡过了难关。“如果你有空，也可以读一读，是真的‘读’，读出声来。在你心烦焦躁的时候，一遍一遍地读，哪怕刚开始看不懂。当你读到第100遍的时候，你一定会有所领悟……”

半年以后，我的这位朋友真的振作起来，重新开始了新生活。而且她跟我分享了她成长的过程和感受。

她说，她在刚开始读经书时，确实有点难，因为看不懂，所以，读只是为了转移注意力应对自己的烦恼。然后，她就一遍又一遍地读，由不懂到似懂非懂。正是由于不得其解，她开始主动思考，思考经书的内容及含义。在她的不懈努力下，她终于读懂了经书的蕴义：世间万事万物，其实都是一场虚空幻境。只有人的信念，生生灭灭，永不停止。于是，她意识到，既然一切都是虚空，男友的离开也不过是一件自然平常的事情，何苦自寻烦恼呢？于是，她开始调节内心的平衡，她逐渐摆脱了对他人的依赖。她说，当她不再执著地依赖他人，而是坚持自我的时候，她就已经走向独立，真正地成长起来了。

成长，不仅是一种经历，更是在经历中学习、进步，变得更加独立、成熟、理性、宽容的过程。无论遇到任何事情，我们都要坚持自己的主见，保持独立，不要把自己的命运寄托在别人的安慰之上。无论那个人多么值得信赖，但是，谁也不可能一路一直陪你走下去，终究有一天，你还是要独自面对人生，而人生中的很多大问题，都还是要你自己去做选择。

在日常生活里，很多人对独立是有些误解的，以为自己挣钱自己花就是独立了。这相当片面。独立是一种从内到外的生存状态，它要求你必须做到心智健全：不能依附他人；保持经济独立；坚持自己的信念和追求；能自己做主；保持自信；做事要坚持原则；行动要自由；做事情不仰人鼻息；说自己内心想说的话；做自己内心想做的事；不盲从；时刻自省自律。这些，就是一个独立的人的基本特征。

人们常说，三十而立。我也是直到30岁的时候，才对独立有了一个正确清醒的认识。过去的很长一段时间，我错把“我行我素”“一意孤行”“哗众取宠”“怪异的个性”当成独立来标榜，如今，想起来真是惭愧难当。那些都是不成熟的表现。于是，我在30岁生日的那天，在心里暗暗发誓：从今以后，我要保持独立，和各种圈子与热闹保持距离，遇事不再依赖他人，逐渐走向成熟。

“和各种圈子与热闹保持距离”就是要让自己能够脱离对别人的依赖和影响，以此让自己能够清醒思考。当我们在圈子里混的时候，固然很愉快，但很容易依赖别人，受到别人的影响，时间久了，就连口头禅和语气，都会和别人一样。对于同一件事情，无论别人持赞同意见，还是反对意见，你都会觉得有道理，而完全失去了自己的思考和判断。

一个拥有独立人格的人，在事业上会积极主动，敢于挑战和突破，不会坐等好事的降临。不用谨小慎微，无须顾虑重重，只要想好了就会放开手脚去做。独立的人一定不会是平庸的，他一定会有所作为。

一个拥有独立人格的人，也一定是生动的。他会把生活过得有声有色，身心愉快，不压抑，不埋怨。因为他的情感是深厚的，他不会依赖别人，他会好好地爱自己，也尽量不会让别人受伤害。

尤为值得一提的是，独立之于女人的重要性。它不仅能让女人得到尊重，更重要的是，它能让女人少受伤害！

或许，有的人终其一生都没有想过要去过独立的生活，而有的人，在不知不觉中就独立起来。对于所有人而言，走向独立，没有任何捷径。唯一的道路，就是不断摆脱别人的安慰，努力自省！

7

只有你才能让自己的人生沸腾起来

在我懂事的时候，我的父亲就常对我讲莱特兄弟的故事，时至今日，我仍然记忆犹新。

多年前，莱特兄弟的父亲领着他俩在农场上玩耍。这时，一群大雁叫着从他们的头顶上飞过，并很快消失在远处。小儿子问他的父亲："大雁要往哪里飞？""它们要去一个温暖的地方，在那里安家，度过寒冷的冬天。"他的大儿子眨着眼睛羡慕地说："要是我们也能像大雁一样飞起来就好了，那我就要飞得比大雁还要高。"小儿子也对父亲说："做只会飞的大雁多好啊！可以飞到自己想去的地方。"父亲沉默了一下，然后对两个儿子说："只要你们想，你们也能飞起来。"两个儿子试了试，并没有飞起来。他们用怀疑的眼神看着父亲。父亲肯定地说，你们还小，只要不断努力，就一定能飞起来，去想去的地方。莱特兄弟牢牢记住了父亲的话，并一直不断地为此而努力，等他们长大以后，他们发明了飞机，不仅让他们自己实现了飞翔的梦想，也让更多人能想去哪里就去哪里。

也正是从那时候起，梦想开始在我的心中生根发芽，也让我懂得了梦想的实现要靠自己内心的渴望与努力。对于一个人而言，只有你自己才能让自己的人生沸腾起来。一个人内心不对某件东西充满渴望，这件东西就不可能靠近自己。亦即，你能够实现的，只能是你自己内心渴望的东西，如果内心没有渴望，即使能够实现的也实现不了。

心理学家曾经做过这样一个实验：让一个人躺在地上，另外再找来十多个人，只要他自己不想起来，那么，这十多个人是无论如何也拉不起来他，即使起来了，他也会马上趴下。心理上的问题也是一样，只要你还没有想通，只要你不是真的心服口服，那么，所有外界的努力都是劳而无功的。

作为家长，在教育自己的孩子时，一定要牢记这个游戏的寓意。孩子虽然小，但是，他们也有自己的独立意志，你要把道理给他讲清楚，而且要让他明白这样做的目的是什么。或许，有人会觉得孩子还小，没必要对他们讲太多道理。可是，成长是一个逐渐发生的过程，你不能在一颗幼小的心里种下强权的种子，任何时候，都应该以理服人而不是以力服人，这是要让孩子从小就养成的习惯。

你举目四望，很容易就能发现：很多人的生理上的需求得到了满足，但他们仍然不满意，仍然奔突不止，躁动不安，他们身上缺少的就是一种能使他变得生机勃勃的动力，缺乏稳定祥和。而那种使自己变得生机勃勃的动力，就是你自己。只有当理想的光芒照耀着我们，我们才能获取勇气，得以安宁。

你可曾体会种子的疼痛？那种挣开包裹自己的硬壳，顶出板结的土壤的苦难，对一棵柔弱的幼芽来说，可以说是顶天立地的壮举。而一个人内心觉醒时的力量，应该比一颗种子破土而出的力量要大得多！

玫琳凯在20岁的时候便离婚了。坚强的她独自带着三个孩子生活，日子过得异常艰苦。但是，她没有自暴自弃，她一边上班，一边用超乎常人的毅力完成了大学学业。凭着她的刻苦和努力，11年后，具有丰富销售经验的玫琳凯在一家名叫“礼物世界”的直销公司的主任委员会里占据了一席之地，她还把公司的销售领域扩展到了43个州。但是，在20世纪中期的美国，男女之间的地位是很不平等的，尽管玫琳凯工作非常努力，但仍然无法改变她作为女性的弱势地位。令她气愤的是，公司为她聘请了一名男助手，男助手的年薪居然比她高出一倍，仅仅是因为助手是男性！看到这种情况，玫琳凯再也不愿意委屈自己了，她坚决地向公司递交了辞职书。

在家休息的玫琳凯想到要写一本书，一本指导女性如何在男性统治的商界中生存的书。在写书之前，她先列出了两个提纲：一是她在自己曾经工作过的公司里看到的好东西；另一个是她自己认为应当改进的东西。然而，当玫琳凯仔细读完这两条提纲时，她的心怦然一动：既然自己有那么多想法和经验，为什么不能由自己来实现这些想法呢？为什么不自己开一家这种理想中的新型公司呢？而且这样的公司将会是无数女性实现自身价值的舞台。

于是，玫琳凯决定自己创业。1963年9月，玫琳凯化妆品公司成立了，虽然刚开始时，公司的经营也困难重重，但她带领她的团队很快扭转了这一不利局面，公司创立后第一年的销售收入就达到了20万美元。1976年，玫琳凯公司成为第一个由女性拥有的上市公司。

现在的玫琳凯公司拥有85万余名美容顾问，在五大洲的37个国家设有分支机构，每年的零售额超过24亿美元，在过去的9年中，

8年位居全美面部护肤品和彩妆销售第一名。

玫琳凯的企业结构曾经激励了成千上万的女性的创业欲望，很多女性都成为她属下的小型企业的经营者。有杂志曾惊叹：玫琳凯所解放的女性，比美国女权运动领袖格劳瑞雅・史戴能解放的还要多。诸多女性在感叹玫琳凯今日的辉煌业绩时，不知可曾想过，如果不是玫琳凯的幡然醒悟，她怎么会勇敢地走出昔日束缚她发展的公司，那么，又怎么会有今天的辉煌呢？

生活中，有些人把梦想变成现实，有些人把现实变成了梦想。这其中的关键就在于，你的梦想是什么？而你又为你的梦想做了什么？人生有了梦想就不会寂寞，当你寂寞的时候，只要招招手，你的梦想就飞到了身边。剩下的事，就是琢磨该如何把梦想变成行动。

/

CHAPTER

/

第三章

坎坷是堂人生课，哭过才会有精彩的生活

1

走在青春的道路上，摔几下是常有的事

清晨6点左右，我正在为家人准备早餐，手机忽然响起，原来是我儿时最好的伙伴阿雪。“嗨，我从深圳回来了！约个时间见一面吧！”电话那边难掩阿雪漂泊归来的轻松与喜悦。

听到阿雪归来的消息，我真为她高兴，因为这十多年来，她一个人在深圳那样的大城市反复折腾，实在太不容易了。

我和阿雪从小是邻居，上学时，我们又被分到了一个班。那时候，她不喜欢读书，经常逃课，上初三的时候，父母怎么逼她，她也不去学校，无奈之下，她的父母只好应允她退学。就在我还为高考而忐忑不安的时候，她竟一个人去广州打工了，后来，交了个男朋友，交往了一年，那个男人竟然把她多年辛苦打工赚来

的钱都骗个精光。再后来，攒了几年钱，她又与人合伙做服装批发生意，由于经营不善，结果又赔了全部的家当。几经挫折，阿雪意识到自身知识的匮乏，于是，边打工边自学服装设计。这几年，经常从我妈妈那间接得知她的消息，说她在深圳越混越好，在一家大公司做服装设计师。年前，我在网上和她聊天，她就说她打算回来发展，凭借这些年在深圳积累的工作经验，她打算回来开一家服装店，经营自己设计的服装。这不，她年后处理完深圳那边的事务，就即刻归来了。

如今的阿雪，也算是“衣锦还乡”，不枉费她辛苦在外打拼这些年。但我想说的是，在青春这条道路上，难免磕磕碰碰，摔几下也是常有的事情，关键是在摔倒后，你还是否有勇气重新站起来。阿雪曾对我说过，在最艰难的日子里，她甚至没有住的地方，在地下通道里睡了五六天。那时候，她也想回家，可她连回家的路费都没有。相信对于从来没有为吃喝愁苦过的人，是无法体会其中的艰辛的。

在我们每个人的生命历程中，都会有一段跌跌撞撞的艰难时光。在那些日子里，我们不断摔倒、不断爬起，有时甚至会因成功的遥遥无期而忍不住怀疑自己、否定自己。这一阶段，我们将其称之为“青春”。但是，终有一天，我们会懂得，那段时光是人生中必须经历的日子，正是在那些默默无声的苦痛的日子里，我们始终不停地积累和沉淀着，为日后的破茧成蝶积攒足够的能量。

有一个男孩，他阳光帅气，才华出众。他是同学眼中“男神”级别的人物，是老师重点培养的对象之一，是父母的一切希望所在。在男孩的心中，一直有一个梦想，那就是考入北大的中文系，因为男孩想成为一名作家。在高三那年，男孩就像一支搭在满弦上的箭，踌躇满志，等待着一触即发的蜕变。然而，天不遂人愿，在高考前的验血报告上，显示出男孩患有肝炎，被取消考试资格。这个消息犹如晴天霹雳，将男孩的梦想打击得支离破碎。

男孩养好病后，父母东拼西凑为他凑够了学费让他去复读，而当时村里人则开始议论是男孩家没有读书的风水。

经过了一年的努力拼搏，男孩疲惫地结束了他人生中的第二次高考，没料到命运之神又不经意地跟他开了个玩笑。仅仅是两分之差，他只能眼睁睁地看着自己再一次被拒绝在北大的门外，而被一个普通本科学校录取。当男孩看着他的同学一个接一个欢天喜地地即将踏上自己的理想征途时，他面对的却是自己根本就不想去的征途。同时，他也成了村里人茶余饭后的笑料。

那段日子，是男孩一生中内心最煎熬的一段时光，他每天都一声不吭地扛着锄头跟父亲下地。顶着毒辣辣的烈日，更顶着左邻右舍火辣辣的评头品足，一个星期下来，他白皙的皮肤便晒黑了，他也变得更加憔悴、更加沉默了。就连家里的气氛也沉闷得让人窒息，一向爱说爱笑的父母都在那默不作声，似乎在思考着什么。

临近开学季，男孩终于鼓起勇气再次对他的父亲说：“爸，我还想再复读一次，我不甘心上一个我并不喜欢的学校，读一个我并不喜欢的专业！”尽管男孩深知这两年给家里造成了很大的经济负担，但是他还是要坚持复读，因为他深知，对于一个农村的孩子来说，改变命运的唯一机会就是考上一个好大学。只有考上一个好大学，他才有可能找到一份好工作，这样才有机会回报父母。他的父亲点了点头，说：“好，既然你还想复读，我支持你，我就是砸锅卖铁也要供你上学！”听了父亲的这番话后，男孩的眼中流的是泪，心里却在流血。

金秋十月，本是收获的季节，男孩却怀着苦涩的梦想，在村里人的冷嘲热讽中开始了第三次冲击北大的征程。男孩全力以赴，又拼命地拼搏了一年，终于如愿以偿地拿到了北大的录取通知书。

如今，昔日的男孩已经蜕变成为一个成熟稳重的男人，他在北京的一家知名的公司上班，待遇优厚。他也终于可以回报他的父母了，他每个月都要给家里寄去一大笔生活费，就是不想让他的父母再受累。

当他再次回忆起求学的那几年的艰难时光时，他备感骄傲与自豪。尽管那几年他一再跌倒，甚至在人前几乎都不敢抬头，每逢假日，他都要挑几乎没有人走的小路绕路回家，但是，就是那样的一段艰难岁月，成就了他现在的辉煌。

每个人的青春都不会是一帆风顺的，都是这样跌跌撞撞走过来的。无论青春的道路有多么崎岖坎坷，只要我们默默地坚守着永不消失的生命力，终有一天，我们会绽放属于自己的光华，看到最美的风景。

然而，在实际生活中，人们往往习惯给自己设限。一次失败便一蹶不振，一遇障碍便停滞不前。因为软弱，他们便守在自己的壳里寻找安全感，不敢打破自设的围墙。可是，你要知道，如若没有这重重阻碍，你如何能看得到你发出的光芒，如何看清自己的心之归属，如何能收获一个光明的未来？这个世界的噪声太多，人活在其中，便少不了受到道德规范、社会压力、世俗经验和他人看法的干扰。大雾弥漫，你如果按照早已设置好的路标前行，那么，你就有可能错过你内心所向往的美好生活。

在这无人陪伴的青春之路上，你要想穿越重重阻碍，就要像破茧成蝶的蛹，只能靠自己的力量。你必须在孤独中学会等待，等待破茧而出，在等待中定格自己的未来，丰满自己的羽翼，坚定自己的毅力，强健自己的力量。

这便是青春的样子，虽然布满荆棘，却让我们获得历练与成长的力量！

2

有时你感觉活得累，那是因为你憋着没哭出来

罗宾·威廉姆斯是我多年来最喜欢的笑星，他曾经演出过多部经典电影，例如《早安，越南！》《美梦成真》《死亡诗社》《博物馆奇妙夜》等。他的脱口秀专场，更是“大规模笑伤性武器”，也是众多脱口秀表演者可望而不可即的高峰。然而，就是这样一位能给亿万观众带来快乐的人，却在2014年8月11日选择以自杀的方式结束了自己的生命。

很少有人能理解一个笑星的烦恼，罗宾·威廉姆斯能够给别人带来快乐，自己还有什么想不开的呢？况且他的事业已经达到巅峰，达到常人望尘莫及的高度，难道他还会觉得自己的生活不够完美吗？

可是，人们忘了“高处不胜寒”。一个人站得越高，就会变得越发孤独，所承受的压力也会越来越大。为了让自己稳居巅峰，他必须走一条人迹罕至的路，必须不断寻求突破。当一个人在成功的路上一味地隐忍，久而久之，这些负面情绪及压力就会越积越多，达成让人无法承受而又得不到合理发泄的程度时，人就会不堪重负，走投无路之下难免会以极端的方式结束痛苦。如此一来，我们就不难理解罗宾·威廉姆斯自杀的原因。

罗宾·威廉姆斯的离世，也给我们带来更多的思考。在追求成功的这条路上，隐忍确实是通向成功的必备品格，但是，如果你只知道一味地隐忍，而不懂得选择合理的发泄渠道，最终谁都会不堪重负。所以，当我们感到心累疲倦的时候，要懂得如何应对。

当花开得疲倦的时候，它就会放弃美丽，结出小小的果实；当风吹得疲倦的时候，它就会停止涤荡，让大地恢复宁静；当海浪翻滚得疲倦的时候，海面就会呈现丝绸般的平静；当天空感到疲倦的时候，它就会用月亮代替太阳……就连大自然都懂得应对疲倦、劳逸结合，作为高智商的人类，我们在感到疲倦的时候，就更应该懂得，在该休息的时候休息，在该流泪的时候流泪，千万不能憋着忍着。

据说，亚当和夏娃在离开伊甸园的时候带走了两样礼物。究竟是两样什么东西呢？有人猜测是树叶，因为夏娃既然已经穿在身上了，当然要带着走；有人猜测是那个唆使他们吃了智慧树上的果子的蛇，因为他们要报仇雪恨，要不然人世间怎么会有那么多各式各样的毒蛇？还有人猜测是苹果核，因为夏娃吃到果子后觉得香甜可口，肯定要把种子偷偷藏在身上带走……

人们的猜测众说纷纭，但都不是正确答案。正确的答案是：上帝震怒，决定把亚当和夏娃赶出伊甸园。亚当俯视了一眼人寰，看到万千磨难险象环生，为了避免他和夏娃将来少受一些磨难，他恳请上帝慈悲送他们几种能消灾免难的法宝。上帝思考了一下，说："好吧，那我就送你们两样东西——休息日和眼泪。"于是，亚当和夏娃携带着上帝最后赐予的礼物，从温暖美丽的伊甸园堕入水深火热的人间。

我第一次听到这个故事时，那时候的我还很年轻幼稚。觉得上帝实在太过小气，休息和眼泪都是自己与生俱来的，完全可以自产自销，何必劳您老人家的恩赐呢？当一个人感觉累了，随时就可以卧倒休息，放声哭泣，这有什么难的？如此简陋寒酸的馈赠，根本算不上礼物，还不如赠送浓郁芬芳的美酒和佳肴来得实惠。然而，随着年龄的增长，当我经历了人世间的苦难与困惑后，我才真正体会到休息和眼泪确实是无与伦比的宝贝。很多时候，当我们感觉活得累，就是因为我们憋着眼泪，不懂休息。

眼泪，是从最靠近我们大脑的双眼之穴中涌流出来的，你仅凭借这一点，就足以让我们对其充满好奇和敬畏。泪水中饱含着我们恶劣的心境和强烈的情感，流泪后，能将身体中潜藏的那些毒素排出，从而将圣洁和宁静沉淀下来还给我们。泪水能够冲刷并洗涤我们昏暗的双眸，让它们恢复洁净和明亮。可以这样说，泪水是心灵火山爆发的岩浆。苦涩之水前赴后继的滴落出来后，需要大量新鲜的血液涌流入大脑。当脉管偾张血流澎湃时，就像久旱的平川地被黄河水漫灌一般，于是，万物复苏、草木茂盛，思考的藤蔓也会随之生根延展。

可是，现代人在追求成功的路上，往往过于急于求成，因此放弃休息鄙夷眼泪，他们以为眼泪就是懦弱的表现。将休息从自己的日程表中剔除，无异于慢性自杀。自称流血不流泪的硬汉子，说得悲惨点，就相当于被阉割了情感的怪物。

我们既然具备了流泪本能，那么，在你感觉心累的时候，就听凭那些满含哀怨的浊水淌出体外。不论是为红颜，还是为功名，亦或是为了自己，都不能憋着忍着。让我们在该休息的时候休息，在该流泪的时候流泪。这不仅仅是上帝送给亚当和夏娃的礼物，也是你珍爱生命、疼惜自己的秘籍。

3

晴天虽然很美好，适时下雨天会更蓝

在大学毕业进入社会之前，我的人生还算晴朗，未曾遭遇过什么狂风暴雨。那时的我，是多么希望我的人生可以一直这样晴朗下去。

然而，天不遂人愿，大学毕业后，我的工作并不顺心。我曾一个人来到北京“阴霾”的天空下为明天忧虑，也曾一个人在孤寂的黑夜里泪流不止，也曾在受了莫名的委屈和伤痛后忍着悲伤给家里报平安……在那些无助的时刻，心中涌出的悲凉与失落，几乎让我无法承受。我甚至弄不明白命运为何如此喜欢和我这个弱不禁风、不堪一击的小女子作对，一次次让我被动地承受那些突如其来的变故，总是不给予我想要的生活。

或许，正是因为那一次次无奈的承受，让我不得不明白，我现在的力量还太过薄弱，我必须脚踏实地地去积累，只有变得强大了才能自我保护；正是因为那一次次无法躲避的困境，让我不得不明白，人生本就变化莫测，我必须努力过好当下，如此才能让人生的每一刻不留遗憾；正是因为那一次次艰难的挣扎，让我不得不明白，面对人生的各种状况，我要保持从容淡定，如此才能到达自己想要去的地方。

晴天固然很美好，但是，适时下雨天会更蓝。更确切地说，如果我的人生一如既往地顺遂下去，如果我不曾经历过人生的那些苦楚，我的人生就会如同一杯白开水寡然无味，我甚至根本就写不出笔下的文字。试想，一个不曾经历过生活的磨砺的人，会有何感言而发呢？即使有，也不会触动人心。

很多时候，如果你不经历，不失去，不受点苦，不流点泪，你就根本无法了解生活的真相，也就不可能向更高处攀登！

他，是个充满自信、处事果断、很有才干的一个人。一路走来，他凭着自己的努力不断往上爬，直到担任了某金融机构总经理的职位。在人们眼中，他是一个事业有成的男人。就连他自己也认为他好不容易拼来的成功，可以一直这样维持下去。

可是，由于受金融风暴的影响，公司濒临财务危机，为此，公司内部传得沸沸扬扬。作为总经理，他当然知道这件事，这也是他最近一两个月来一直绞尽脑汁解决的事情。为了安稳人心，他费尽心力地坐镇公司，开过无数动员月会，鼓励同事们团结一致，共度难关，要他们相信，只要咬牙苦撑，危难必度……

出人意料的是，没过几天，他便接到公司破产的消息，连他这个总经理也失业了。这对于他而言，简直就是晴天霹雳，但是，他还是强忍着内心的落寞与哀伤向全体员工宣布了这个消息，并鼓励大家另择良木而栖。回到家里，他还得掩饰自己的伤口，告诉家人这个无法抵抗的事实，安慰他们别担心。

要知道，宣布失败对于努力成功的人来说，是一件多么困难和残忍的事。只有在夜深人静、家人都入睡的时候，他才敢直面自己的内心，尽情地悲伤难过。“中年失业，这个事实对任何人而言，都很难接受，就好像从云端掉到了谷底，但是，我还是要接受它，明天开始努力找工作。”他在心里这样告慰自己。

转眼三个月过去了，他始终没有找到合适的工作，太低的职位待遇他不甘心，过高的职位待遇他又攀不上。他的心就这样在半空中悬着，这三个月来，他白天不断面试，晚上不断修改简历，不断投递简历，没睡过一个安稳觉。

就在他走投无路时，他的一个大学同学得知他失业了，邀请他与其共同创业，创办一家金融公司。他思前想后，想了很久，最后答应他的大学同学共同创业。凭借他多年积累的工作经验和人脉，他克服了作为一个初创企业本该遭遇的重重阻碍，最终使其在业界站稳了脚跟。而对他本人而言，他的人生又到达了一个新的高度！

一个人从云端摔下来，即使不死，也只剩半条命，这是何等巨大的打击。但是，只要这个人没有躲在痛苦的洞穴里不出来，他就一定能走在复原的路上，并且越走越高。

在通往成功的路上，没有人会渴望暴风雨的来临，可是它却无可避免又无处不在，有时甚至来得很突然，让我们毫无准备。可这就是人生，尽管困难重重，但我们也要悉心接受。

在面对生活中千奇百怪的不如意时，你必须足够坚强，不能有任何的软弱和退缩。你要相信，你在年少时，受的苦，吃的亏，担的责，扛的罪，忍的痛，到最后都会变成光芒，照亮你未来的路。

或许你所从事的工作一直都在失败；或许你所从事的工作会耗费了你太多的时间都没有进展，甚至在有生之年你都无法看到成果；或许你所从事的工作让你流了太多的血泪，甚至有危及生命的可能……但是，无论如何，你都要相信，你所走过的所有路都会留下足迹，你所受的所有苦都会有所回报，事情一直在朝着良好的趋势发展。

人生的过程必然充满坎坷，可是经历本身就别具意义。哪怕最终结果不尽人意，但是，它一定会比你在起点时的状态要好得多。也许当时的你还不懂得其中的意义与价值，但当你到达终点时，你终究会明白一切都是有意义的，一切都是值得的。

一个人，只有历经暴风雨的洗礼，你才能看到雨后更为湛蓝的天空！

4

真正的懦弱不是哭，而是悲观得不知道哭

在我儿时，有个玩伴叫二壮。二壮长相清新，说话温柔，性格偏内向，大多数时候喜欢宅在家里，养养小动物，帮妈妈做做家务活。他偶尔也会走出家门，那就是来我家找我玩。据我所知，我是他儿时的唯一玩伴。

尤为值得一提的是，二壮有个哥哥叫大壮，大壮长相平庸，但从小就学习刻苦，考上了南开，读完博士又出国镀了金，回来后，在一所高校里做教授，后来又娶了一位女博士，生了个智商不可限量的儿子。因此，大壮成为我家这一带远近闻名的励志之星。那时候，无论走到哪，似乎都能听到关于大壮的传说。

二壮能有这样一个优秀的哥哥，让那时的我好生羡慕。可

是，对于二壮来说，大壮不但没能成为他的骄傲与自豪，反而成为了他的负担和不幸。打从二壮出生起，大壮就像个巨大的参照物摆在他的面前，无论他如何努力似乎都遥不可及，阳光雨露风采都是大壮的，留给他的只有大片的阴影。高中毕业后，二壮考进了省内一所名不见经传的高校，为此，他的母亲总是责骂他没有出息，不如他的哥哥有本事。大学毕业后，他也没有什么伟大的理想抱负，他只想做个安静的暖男，陪在父母身边，娶个普通善良女孩，生个智力寻常的孩子，就知足了。很快，他顺利地被一家外贸公司录用，虽然薪资不是特别高，但足以安身立命了。可是，这个决定却遭到他全家的强烈反对，全家人都责怪他只顾眼前安稳不求长远发展。最后协商决定，让他去考公务员。他虽然很不情愿，但无力反抗，连考了三年公务员，都折在了面试环节。据说，他曾跪求过他的母亲，可他的母亲却无动于衷。从此，人们很少能见到二壮出门。后来，我听我妈妈说二壮得了抑郁症。再后来，我妈妈又告诉我说，二壮竟然自杀了。

听到这个消息，我有些震惊，为他感到可惜和难过。可是仔细想想，对于他那样懦弱的性格而言，摊上那样一个苛刻的家庭，或许自杀是他唯一能够寻求解脱的方式，从此，他再也不必在哥哥的影子下苟延残喘、绝望地活着了。

作为旁观者，我们都难免为二壮在如此大好的年华里就结束了生命而感到惋惜。其实，只要他懂得反抗，内心足够强大，他完全可以走出他哥哥笼罩在他头顶的阴影，而过上一种温暖幸福的生活。一切都归咎于他的懦弱，他甚至从未有过任何哭闹，就任凭家人的摆布，做着自己并不喜欢的事情，以致于最后宁可选择悲观绝望地死去，也不肯在家人面前坚持自我。

或许在很多人看来，哭是懦弱的表现，其实，真正的懦弱不是哭，而是悲观得连哭都不知道，亦如二壮。当我们遭遇挫折与力所不及的事情时，哭是正常反应，至少代表着我们还具有一种积极的态度，还未曾放弃自己，仍对人生充满幻想和希望，反之，当一个人连眼泪都流不出来了，可以想象得出他内心必然是悲观绝望到了极点。

放弃自己，是一件很容易的事，只需要一秒钟的软弱与退缩。一个懦夫，只需要对现实投降，只需要对热血沸腾的未来视而不见。但是，我相信，谁也不愿意自己的人生活成这般模样，在我们每个人的内心深处，必然都会对成功充满了无限的期待。而成功的秘诀就是无论处境如何艰难，永远都要保持积极的人生态度，坚持自我，永不退缩。

小贝在大学毕业后，独自一人来到北京。偌大的城市，为了尽快解决生存问题，她在一个大学城附近的餐厅做服务员。每个月六百多元的工资，含午晚餐。当时，餐厅给服务员吃的东西基本是一些素的不能再素的素菜，有时馋肉了，她就会把客人吃剩的肉食留下来，闲的时候把它吃掉。

小贝不甘心一直这样下去，她来北京的目的绝不是为了做一名只能吃残羹冷饭的服务员的。为了改变现状，她做过很多尝试。比如，去北影厂门口蹲戏，去做群众演员，批发袜子到天桥上去卖。虽然最后都以失败告终，但她觉得尝试了就不会有遗憾。

后来，小贝又尝试给杂志投稿，起初没有电脑，她就去网吧写。后来，打工攒了点钱，她就买了一个市面上最便宜的笔记本电脑，每天晚上下班后写，写到天亮是常有的事。她如此拼命，投出去的稿件仅少数被采用，多半杳无音信。尽管如此，这并不妨碍她继续写下去。她的裤兜里永远装着一支笔和一小叠纸，在没有客人的时候，她就掏出它们，把纸放在柱子上，站着写。

就这样写着写着，在不知不觉中，小贝竟然进入北京最繁华地段的一家广告公司工作，拿到了还算丰厚的工资。她本以为自己会一直在这家公司做下去，可是，五年后，她越发觉得这不是自己想要的，她的生活还有其他可能，于是，她又果断辞职了。当时，尽管她不知道自己想要的生活是什么，索性就糊里糊涂、歪打误撞地往前走。但她始终坚信，明天一定会好于今天。

在报纸上看到现在流行背包族，她辞职后就去旅行；看别人办工作室挺赚钱，她也办了一个。看着身边的人都出去留学，她很向往，也想出去看一看；想要体会不同的生活，她就去和三教九流的人交朋友；想谈恋爱，她就勇敢地去追求她喜欢的男人，明知会受伤，仍义无反顾地去爱。

就这样，小贝一直在寻找，寻找一种她所喜欢的生活方式。尽管一路迷茫相随，但她始终不曾放弃。当然，如此随心所欲，也让她付出了相应的代价：弄得身心俱疲，却仍然没有获得世俗意义上的成功。最可怕的是，小贝曾一度患上了重度抑郁，为了治疗，她一个人走进精神病院，在医生面前哭完一整盒纸巾。还有一段时间，她竟然开始酗酒，生活堕落到了极点。直到她突然惊醒，决心脱离的那一天。

后来，小贝去了美国，一边读书，一边在快餐店打工。有一天，她在快餐店洗碗时，突然意识到：我初入社会就已经在餐厅打过工，为什么现在还要继续？尽管后来，她有机会留在美国定居，但是，小贝还是坚持回到中国。

回国后，小贝在北京开了一家咖啡馆，因为她想要过一种安静的、不折腾的生活。后来，咖啡馆继续开着，但是，小贝又回到出版业自由撰稿。这时，历经无数挫折与磨难，小贝终于为自己的心找到归属，知道了自己真正想要的生活是什么样的，虽然算不上成功，但是足够自由。

在人生的这条路上，有时在我们面前会出现各种各样的岔道口，我们往往会有些犹豫和迟疑，我该怎么走？走哪一条才是最明智的选择？这个时候，我们就要遵从内心的感受，只有遵从内心的感受，我们才可能真正过上自己想要的生活。

每个走出平凡收获自由与幸福的人，都曾经历过百折不挠的努力，都曾经过百转千回的纠结与彷徨，才有了现在的镇定和安稳。所以，无论遭遇什么样的境况，你都要坚信，只要你还能坐在地上哭，只要你还能动起来，事情总会朝着你想要的方向发展。任何时候，你都会有选择的机会，只要还能做出选择，就是积极的。

生活，从来就没有容易过。但是，只要你能够保持一种积极的心态，不悲观不气馁，你就能顶得住一切压力，承受得住一切挫折，忍得了空虚的寂寞，抗得住讥讽和嘲笑。任何时候：只要相信奇迹，奇迹就一定会发生；只要你相信未来，未来一定会来！

5

成功是笑到最后，中途必定哭过无数回

我有一个小堂妹，大学毕业一年了，工作换了五六份，最近又离职了。而在这一年中间，她还休息了两个月！我对她如此频繁地换工作表示惊讶，她却对我连连抱怨，说她如何命运不济，一直遇不到适合自己的工作，遇不到一个赏识自己的伯乐！总之，她离职的原因无非就是老板有眼无珠，或者同事之间勾心斗角，或者是工作环境糟糕。于是，我问，那你想要一份什么样的工作呢？她想了想说，至少是一份安稳的工作，薪资不能太低，工作不能太累，老板不能太苛刻，同事也比较随和，每天可以出入高档写字楼，可以经常旅游……

听着堂妹滔滔不绝地描述，我知道，和她有着同样想法的年轻

人不在少数。我想说的是，当你羡慕那些成功者是上帝的宠儿，疯狂地幻想那样一种洋洋得意的状态，却不曾想到，你日思夜想称之为梦想的状态，其实远远没有你所看到的那样简单。在你看到那些笑到最后的成功人士的背后，他们不知道吃了多少苦，哭过多少回，才到达你所仰慕的状态。你只看到马云在美国路演时的无限风光，你只知道他揶揄自己愁钱太多花不出去的玩笑，可你却不知道，马云曾经也有为生计发愁的尴尬，你也一定不知道他曾蹲在马路边和人聊理想、谈抱负，不断遭人鄙夷的沮丧。

人的一生，就像一次经历了万水千山的跋涉，而生命乐章的精彩之处，则在于顿挫。如果能够以这样乐观的态度看待挫折，面对挫折，那么，我们就一定能够成为笑到最后的那个人。就像拿破仑·希尔曾经说的那样："那种经常被视为是失败的事，只不过是暂时性的挫折而已。还有，这种暂时性的挫折实际上就是一种幸福，因为它会使我们振作起来，调整我们的努力方向，使我们向着不同但更美好的方向前进。"

万科的创始人王石曾经说过："我有很多粉丝，但我是褚时健的粉丝。"这其中的缘由，要从2003年说起。

当时，52岁的王石成功地登上了珠穆朗玛峰，成为中国登顶珠峰年龄最大的一位登山者。从珠峰上下来，王石便到云南的哀牢山去看望在这里种橙的褚时健。那年，褚时健已经75岁，而且之前在监狱里度过了17年的他还患有严重的糖尿病。当王石见到他的时候，他戴着一顶破草帽，穿一件衣领破旧的衬衫，正在和给他修水泵的人讨价还价。只听修水泵的人说道："这个要80。"褚时健接底气十足地说："最多60。""绝对不行，一分也不能少。"修水泵的人说。两人就这样围绕着20元差价，一去一来争论了十多分钟。

王石就这样默默地站在边上看着，感动得几乎落下泪来。谁能想到这个曾经为国家纳税近千亿的企业老板，竟为了20块钱而与人僵持不下。感人的不是今非昔比的辛酸，而是这位老人古稀之年重新创业的认真与执着。

要知道，种橙子可并非一件容易的事，起初，褚时健找来种橙子的农民都接连因为受不了苦而撒手不管了。找不到合适的人手，他只好和自己的老伴亲自动手，为了提高劳动效率，两位高龄老人在田里搭了个棚子，白天干完活晚上就住在里面。就像褚时健自己所说的那样，"抬头就能看到天。"

转眼到了雨季，橙子一地一地往下掉，这对老夫妻急得每晚都睡不着觉。后来，褚时健买来一堆10多块钱一本的关于柑橘种植技术方面的书，他不分昼夜仔细研读，将理论与实践相结合，不断总结和积累经验。

10年后，褚橙竟然天下闻名。尽管人生总有起落，但是，只要信念不灭，勇于坚持，就一定能收获成功。王石在创办万科时，曾在办公室的地板上写了两句话。其中一句是巴顿将军的名言：“衡量一个人成功的标准，不是看这个人站在顶峰的时候，而是看这个人从顶峰上跌落低谷之后的反弹力。”

在通向成功的路上，每个人都会经历失败的疼痛，哭过无数回，但是，疼痛，从来不应该成为一个人放弃拼搏的借口。一个人如果能够做到眼含热泪依然全力奔跑，那么，最后他一定能够笑着到达终点。

在大自然中，一只雏鹰出生后没多久，就要经受残酷的飞翔训练。对于雏鹰来说，它必须要经过成百上千次的训练，学会独自飞翔和觅食，否则，它就无法在自然界生存下去。首先，幼鹰会被带到高处，或树边或悬崖上，然后被摔下去，如果胆怯，就有可能被活活摔死。尽管如此，训练也不会停止。

最后，雏鹰还要面临更加残酷和恐怖的训练，这也是最为关键和艰难的考验，那些学会独自飞翔和觅食的雏鹰，它们身上正在成长的翅膀会被残忍地折断，然后，再次从高处被推下，或者成为悲壮的祭品，或者成功翱翔在广阔的蓝天。成败与否，就在于它们的胆量和毅力。

为此，曾有人出于同情而偷偷地把还没有被折断翅膀的幼鹰带回家里精心饲养，然而，到最后却发现这些鹰竟然丧失了在广袤的天空中自由翱翔的能力，那两米多长的翅膀只能成为累赘。

原来，那些痛苦的训练和考验都是雏鹰获得飞翔能力的必经之路。在不断地伤痛和复原中，它们获得了一次比一次更加强大的飞翔的力量。反之，如果过早地终止疼痛，也就代表着成长停止。

人类的成长也是如此，必须经历一次次挫折和磨难，才能够获得成功的力量。当然，这个过程会是极其痛苦的，就如同扯下身体的一部分，可是，只有这样才能获得新生。

这个世界上，只有一种成功，叫“坚持不懈”，也只有一种失败，叫“半途而废”。成功的方法，你可以从前辈那获得，但坚持，只能靠自己。真正的坚持是在哪怕看不到希望的时刻，依然眼含热泪竭尽全力去奔跑。

6

坎坷是对你是否脆弱的一种考验

曾经有一个老人，一生坎坷，年轻时因战乱而失去了大部分的亲人，而他自己也在战火中失去了一条腿。然而不幸一再降临，他中年丧妻，继而又老年丧子，他不幸的一生，承受了人世间最刻骨铭心的悲痛。尽管如此，他却依然爽朗而快乐地活着，并终于迎来了静谧而安逸的晚年。

有个年轻人自觉生活中充满了无尽的烦恼，不禁惊讶于老人爽朗而乐观的心态，他问老人，经受了这么多的苦难和不幸，为什么没有丝毫的苦痛和伤感。老人沉默良久，随后将一片树叶举到年轻人的眼前，问道："你看，它像什么？"

那是一片黄中透绿的叶子，乍一看并没有什么特别。年轻人想道，这或许是白杨树叶，可是，它到底像什么呢？

“你不觉得它像一颗心吗？或者说它就是一颗心？”老人提示道。

年轻人仔细一看，那片树叶果然十分形似心脏的形状，内心禁不住微微一颤。“再看看它上面都有些什么？”老人进一步问道。

年轻人凑近树叶，仔细端详，这才发现树叶上投有许许多多大小不等的孔洞。但是，这又代表什么呢？

老人收回树叶，置于掌中，用那浑厚而又带着沧桑的嗓音舒缓地说：“它在春风中绽出，在阳光中长大。从冰雪消融的春天到寒风萧瑟的深秋，它走过了自己的一生。在此期间，它经受了蚊虫的啃噬，雨水的冲刷，以至于千疮百孔，满目疮痍，然而它并没有因此而凋零，而是完完整整地度过了它的一生。它之所以得以尽享天年，完全是因为它热爱着阳光、雨露，热爱着生之养之的泥土，热爱着自己的生命，同时也热爱着生命中的那一切磨砺和考验。只要能够生长在阳光下，接受雨露的滋润，就是最大的幸福，相较而言，其他的一切，又算得了什么呢？”

老人饱经沧桑的内心就像这片树叶，尽管无情的现实在上面留下了无法抹去的痕迹，他却依然故我地保持着心灵的完整。他没有因为现实的残酷而将自己封闭到阴暗的角落，进而开始怀疑人生，而是依然相信爱，相信美，相信人性中一切美好的品质，相信即使遭遇再大的狂风骤雨，终将拨云见日，一切总会过去。老人的一生虽然历经坎坷，但是他从未执拗于对充满苦痛的过往的回忆，而是将其视作人生的一部分欣然接受，以此获得强大内心的力量。

生活中每一次经历都是一种收获，每一次挫折都是一种感悟。任何成功人士在成功之前，都经历过常人难以忍受的困境，但幸运的是，他们都顽强地走过了那段沉默的孤独时光。

新东方创始人俞敏洪，曾多次落榜，第三次才考上北大，而进入北大校园里，他又遭遇情场失意。他的理想是去哈佛，但三次都被拒签。刚开始的新东方只是北京地区小有名气的英语办学机构，连间像样的教室都租不起，他曾因为授课教师在没有空调的教室中暑而默默流泪。但是，正是因为这些挫折与阻碍，让俞敏洪坚定信念，从而成就了强大的自己。

一个内心足够强大的人，哪怕是你今天痛得快要死掉了，而在第二天，仍然会准时到场。

我有一位远房表叔，事业有成，是一家互联网公司的老板。然而，提到他的创业经历，却并非一帆风顺、轻而易举。

表叔在大二时就开始自己创业，还没毕业就已经买了两套房。毕业后，他到京打拼，很快在北京也有了自己的房产。然而，因为一个错误的商业决策，让他血本无归。为了不拖欠员工的工资，他变卖了所有房产，成了比之前更穷的穷人。

一天傍晚，饿了一天的表叔总算处理完了公事，走到楼下，想去小摊买点东西充饥。到了小摊前，他才发现身上的钱甚至不够买一个煎饼果子。摆摊的大妈认出了他是自己的回头客，看着他失落的样子，大妈说："来吧，这个煎饼果子送给你吃。"秋风萧瑟中，在答谢转身的那一刻，表叔的眼泪流了下来，如果可以，他甚至想坐在地上号啕大哭一场。

可是，他还是止住了眼泪，选择了重新开始。关于他在绝境中是如何努力的，我并不知晓，表叔也从来没有对我提及，他只是用行动让人们看到他努力的成果，一年后，他卷土重来，最终在互联网界重新占据了一席之地。

相信我这位表叔的创业经历，一定会让你明白坎坷之于成功的重要性。在追求成功的路上，坎坷是对你是否脆弱的一种考验，只有禁得住坎坷考验的人，才能逐渐成长和强大起来，才能不断向成功靠近。

没有谁的青春是一路踩着红地毯微笑着走过来的，在那些成功的光鲜身影背后，更多的是你不曾看到的努力与艰辛。如果你梦想成为那个别人无法企及的自我，就应该欣然接受人生中的坎坷，并付出别人无法企及的努力。

人生就是一场残酷的历练，无论你现在生活得如何艰难，只要你有一颗永不服输、积极向上的心，只要你愿意做内心坚韧强大的自己，你终究会收获你想要的人生。

7

哭吧哭吧不是罪，摔倒后哭是最好的安慰

面对孩子的哭泣，可能很多家长都会觉得心烦或丢人。所以，每当孩子哭泣时，父母都会千方百计去抑制孩子们的眼泪。或呵斥他“收声”；或恐吓他“再哭，妈妈就不理你了”；或者自以为高明地转移孩子的注意力，如说“看，那是什么？”……如此一来，孩子确实是停止哭泣了，可是，长此以往下去，可能会影响孩子的身心的健康。

我曾经在网上看到这样一个研究报道，说对于孩子而言，无论是哪种缘由的哭泣，都是他们内心真实的表达，如果不让孩子哭或没有让孩子哭充分，都可能导致孩子的负面情绪没有得到合理宣泄而积压在心中，久而久之，就可能影响孩子身心健康，甚至

会造成孩子性格、人格上的缺陷。作为母亲，通过亲身实践，我对这一结论予以充分的肯定。我的女儿在哭泣的时候，如果我及时采取各种手段抑制了她的哭泣，她当时确实是停止哭泣了，可是，接下来，她一天的情绪都不会太好。反之，如果她在哭泣的时候，我不去制止，任由她哭泣或是将她抱在怀里一声不响地看着她哭泣，没过一会，她就会停止哭泣，然后又活蹦乱跳地去玩耍，就像什么也没发生过一样。

其实，哭作为人表达情绪、情感的一种主要形式，可以让人的情绪得到有效的自我调节。只是一直以来，哭被人们贴上了“丢人”“软弱”的标签，从而使得这个宝贵的情绪疏导武器日益被我们生疏，甚至遗忘，就算我们实在忍不住哭出来的时候，也是找个四下没人的地方默默哭泣，却也很难淋漓尽致地哭个痛快，心中充满了纠结与矛盾。这是因为，我们从孩童时内心表达的真实需求就被否定，等到长大以后，我们也不愿意，甚至不会去表达这种内心的真实感受，而天天穿着“马甲”假装坚强，殊不知，在坚强的外表下掩盖的是不堪一击的脆弱。

所以说，哭泣本身没有任何罪过。在漫长的人生道路上，我们难免会摔倒，当我们感到疼痛的时候，哭泣是最好的安慰，我们不妨尽情去哭泣。不过，在哭泣过之后，我们要记得擦干眼泪，忘记伤痛，然后，继续朝着你的目标向前走。

肯德基的创办人哈兰·山德士先生在山区的矿工家庭中长大，家里很穷，他也没受什么教育。他年轻时做过各行各业的工作，包括铁路消防员、养路工、保险商、轮胎销售及加油站主等等，但都没有取得多大成就。尽管如此，他始终心存希望，没有丝毫懈怠，最后终于在餐饮业上找到了事业的归宿。

当哈兰·山德士在肯塔基州经营加油站时，为了增加收入，他自己制作各种小吃提供给过路游客。生意由此缓慢而稳步地发展，而他烹饪美餐的名声也吸引了过往的游客。哈兰·山德士最著名的拿手好菜就是他精心研制出的炸鸡。这个一直受人欢迎的产品，是他经历了十年的调配，才得到了令人吮指回味的口感。由于来吃炸鸡的顾客越来越多，山德士就在马路对面又开了一餐厅。不幸的是，几年后，由于公路改道，他的餐馆必须关门，而此时他已经65岁了。也许在常人看来，到了哈兰·山德士这个年纪就只能在痛苦和悲伤中度过余生了，可是，他却拒绝接受这种命运，始终怀揣着对成功的渴望。

经过一番苦思冥想后，哈兰·山德士决定开始自己的第二次创业。于是，他带着一个压力锅，一个50磅的调料桶，开着他的老福特车上路了。他从肯塔基州到其他各州，四处兜售的炸鸡秘方。开始的时候，没有人相信他，饭店老板甚至觉得听这个怪老头胡诌简直是浪费时间。哈兰·山德士的宣传工作做得很艰难，整整两年，他被拒绝了1009次，终于在第1010次走进一个饭店时，得到了一句“好吧”的回答。有了一个人，就会有第二个人，在哈兰·山德士的坚持之下，他的想法终于被越来越多的人接受了。1952年，盐湖城第一家被授权经营的肯德基餐厅建立了，这便是世界上餐饮加盟特许经营的开始。

紧接着，让更多的人惊讶的是，哈兰·山德士的业务像滚雪球般越滚越大。在短短5年内，他在美国及加拿大已发展了400家的连锁店。尽管取得如此瞩目的成就，但哈兰·山德士并没有因此止步不前，就在哈兰·山德士以90岁高龄辞世前不久，他每年还要做长达25万英里（约40万公里）的旅行，四处推销肯德基炸鸡。直到今天，肯德基的餐馆已经遍地开花，众所周知并广受欢迎。

65岁，在常人看来，已是人生暮年，输赢成败已成定局。然而，对于哈兰·山德士而言，他的人生才刚刚开始，他不断摔倒不断爬起，终于在摔倒了1009次后，取得了成功。

在通向成功的这条道路上，很多人缺少的就是哈兰·山德士的勇敢与执着。他们甚至在摔倒了一次以后，就开始堕落、消沉，没有一点斗志，这样的人，终究会被时光的浪潮所侵蚀，最终成为一粒微不足道的沙子。

其实，摔倒并不可怕，只要能勇敢地面对困难，从失败中获取经验，勇敢地站起来，必能成功。就如学滑雪，第一个步骤就要学习跌倒时如何爬起来；学习冲浪的第一个项目，也是要学习冲浪板翻了该如何重新站起来。所以，在成功之前，我们必须先学会摔倒了该如何站起来。正如让克莱斯勒汽车从破产边缘起死回生的艾科卡所说："即使遭逢逆境，仍该奋勇向前；即使世界分崩离析，也不要气馁。"

"哭吧哭吧不是罪，再强的人也有权利去疲惫，微笑背后若只剩心碎，做人何必撑得那么狼狈。"当我们摔倒的时候，哭是对我们心灵最好的安慰，你可以卸下所有伪装和防卫，痛哭一回，然后重整旗鼓，重新上路！

CHAPTER

第四章

现实看起来太残酷，你需要自己给自己鼓舞

1

无论现实多骨感，你都要将它想象得丰满

在中央电视台综合频道的《开讲啦》节目中，我曾听万通集团董事长的冯仑讲述了他人生中这样的一个经历：

几年以前，冯仑和王石一起去戈壁滩，在从西安到乌鲁木齐的途中，他们开的车突然间坏了。在那片茫茫的戈壁滩上，他们没有任何参照物，手机也失去了信号，如果他们继续向前开，就有可能把油烧完。如此糟糕的境况，让他们越来越恐惧和焦躁不安。这时候，开车的司机下了车，他在附近不停地打转，试图寻找车辙。最后，他终于发现有一道最新的车辙，于是，他就把车开到这道车辙上面，并且把车横了过来，说："我们现在只能等待。"接着，他们就抱着一线希望焦急地等待着，大概一个小

时后，有一辆大货车开了过来，因为他们挡住了去路，货车的司机就停了下来。然后，他们的司机就写了一个电话，让货车司机出去以后拨打这个电话来救他们。货车司机走后，他们在车上讨论：“这事儿靠谱吗？人家能给你打这个电话吗？”那位司机说：“在失去方向的时候，信任是最宝贵的。”后来，他们又等了一个多小时，终于等来了救援的车子。

对于一个人而言，什么时候最令人恐惧？不是没有钱的时候，不是没有水的时候，也不是没有车的时候，最令人恐惧的时候，就是没有方向的时候。当一个人有了方向后，所有的困难都会迎刃而解。一个人要想生存下来，第一件事就是要确定理想。理想就犹如在戈壁滩上，你突然找到了方向。如果你失去了这个方向，你就会恐惧，就会死亡，而有了这个方向，你就会行动，就会前行。

当然，我们不能将理想夸大到什么都能解决。它相当于一个保健品，而不是速效救心丸。有理想的人和没理想的人的区别在于：前者成功的概率高一点，快乐程度高一点，毅力强一点，走得远一点，心里头踏实一点。也就是说，我们今天有了理想，不等于明天就能想要什么就有什么。要想实现理想，关键取决于现实。因为理想是从现实中孕育出来的，也要在现实中去解决。可以这样说，理想是“道”的问题，而现实是“术”的问题。去哪儿，为什么要去那儿，这是理想应该回答的问题；至于如何去，什么时间去，怎样到达，则是现实中每天要解决的问题。

说一尺不如行一寸。现实是此岸，理想是彼岸，中间隔着湍急的河流，行动则是架在河上的桥梁。只有不畏艰险，努力行动才能到达理想的目的地。反之，遇到困难就妥协退缩的人，只能望洋兴叹，永远也无法到达理想的目的地。

有这样一则寓言故事：

有一群人在缓慢而艰难地朝着目的地前进，并且他们每个人都背负着一个沉重的十字架。途中，有一个人忽然停了下来。他心想："这个十字架实在是太沉重了，就这样背着它，得走到何年何月啊？"

于是，他拿出刀，做出了一个惊人的决定：将十字架砍掉一些。他真的这么做了，开始砍十字架……

砍掉之后走起来，的确是轻松了很多，他的步伐也不由得加快了。于是，他就这样继续往前走，又走了很久。他又想："虽然刚才已经将十字架砍掉了一块，但它还是太重了。"为了能够更快更轻松的前行，这次，他决定将十字架再砍掉一大块。他又开始砍了……

这样一来，他一下子感到轻松了许多！于是，他毫不费力地就走到了队伍的最前面。

当其他人都在负重奋力前行时，他呢，却能边走边轻松地哼着歌！走着走着，谁料，前边忽然出现了一个又深又宽的沟壑！沟上没有桥，周围也没有路。他，该怎么办呢?

后面的人都慢慢地赶上来了。他们用自己背负的十字架搭在沟上，做成桥，从容不迫地跨越了沟壑。

他也想如法炮制。只可惜啊，他的十字架之前已经被砍掉了长长的一大截，根本无法做成桥帮助他跨越沟壑！

于是，当其他人都在朝着目标继续前进时，他却只能停在原地，垂头丧气，追悔莫及……

其实，在追求理想的道路上，我们每个人每一天都背负着各种各样的十字架在艰难前行。可是，无论现实多么残酷，我们都要经得住考验，不能轻易妥协退缩。就像冯仑所说："理想就是把墙上美人变成炕上媳妇。理想如同墙上的美人，不付诸于努力永远只能驻足观赏，只有把墙上的美人变成炕上的媳妇，生了孩子，才算是筑梦踏实。"

时下有这样一句流行语："理想很丰满，现实很骨感。"说的就是理想和现实之间的残酷差距。可是，无论现实多骨感，只要你把它想象得很丰满，那么，终有一天，它会朝着你所想象的方向发展。

法国作家萨克雷说过："生活是一面镜子，你对它笑，它就对你笑；你对它哭，它也对你哭。"人在现实中生活着，必然会遭遇残酷现实的打击。无论你当下处于怎样的糟糕境地，你都不要一味地埋怨生活，变得消沉、萎靡不振，而是应该有坚定乐观的态度，在逆境中奋发图强。

无论现实多骨感，你都要将它想象得很丰满。因为，如果没有丰满的理想，就连骨感的现实都难以发现，哪里还谈得上成功？大凡成功人士，首先都要有丰满的理想，然后，才能想尽一切办法去滋养骨感的现实，只有不断地努力，才能让现实与理想的差距不断缩小，直至理想的实现。

《人生不设限》的作者尼克·胡哲在我的心中一直是一个英雄般的人物。我在观看他的视频的时候，有一句话曾深深地打动了我，就是尼克的妈妈说，尼克从来没有觉得自己没有四肢是什么大的缺陷，他只是觉得自己缺少了一些小部件。正是因为秉持这样的信念，他从小就生活得特别快乐。长大以后的他，也就是现在的他，可以自己读书看报，可以钓鱼，可以演奏音乐，可以到全球演讲……

尼克说："当你们第一次看到我的时候，一定会为我感到难过，觉得我很可怜。可是现在，听完我的故事，你们还会觉得我很可怜吗？当然不会对不对？因为你们开始喜欢我，开始把我当作一个正常人来看待。你们喜欢我的内心，不是吗？"是的，我确实很喜欢尼克，我相信很多人也都会和我一样，很喜欢他甚至很崇拜他，这完全不是出于对他不幸失去四肢的同情和怜悯，而是感于他内心的坚定和对生活的热忱！

在现实生活中，我们经常会因为受到委屈、遭受打击、蒙受苦难、遇上麻烦、遭遇失败等而备感无辜，这时，请你不要自卑，也不要惊慌，你不妨将自己想象成个英雄，例如拿破仑。拿破仑亲自率军作战时，同样一支部队的战斗力便会增强一倍。这是因为，军队的战斗力在很大程度上受到主帅信心的影响。如果统帅态度犹豫不决，军心就会混乱不堪；正是拿破仑的自信与霸气，带动了军队中的每个士兵增强了战斗力。所以，当你拥有了拿破仑英雄般的自信心，摒弃羞涩、胆小、害怕、自卑等消极情绪，你就会逐渐变得自信起来，坚定起来，勇敢起来。而你身上的很多优秀的潜能，或许是连你自己都没有意识到的！

雅诗·兰黛出生于一个普通的家庭。在她十几岁的时候，她的叔叔——化学家舒茨到家里做客，送给雅诗一份护肤油的配方作为礼物。叔叔的这份礼物出于无心，但从此，在雅诗的心里种下了打造美容世界梦想的种子。

在雅诗二十多岁时结婚了，紧接着，她又生了两个可爱的孩子。然而，雅诗并不安心于相夫教子的生活，美容帝国的梦想一直在蠢蠢欲动，她一直在寻找合适的时机。于是，雅诗用叔叔给的配方，自己开始制造化妆品。制造完成之后，她又不遗余力地到处推销自己做的面霜和手霜。由于雅诗一门心思地把所有的精力都花在化妆品上，无法在家庭和事业上找到平衡点，这引起了丈夫的极度不满，终于有一天，丈夫提出了离婚。离婚后，雅诗一度陷入绝境，一边是无人照料的两个孩子，一边是没有任何起色的事业。但是，坚强的雅诗并没有因此一蹶不振，而是以一种常人难以想象和理解的毅力坚持了下来，她带着年幼的孩子到了新的城市，在商场里开设了自己的化妆品专柜。

三年后，经历过生活风雨与心灵洗礼的雅诗和丈夫复合了，夫妻二人一起创建了雅诗·兰黛公司。为了节省开支，他们没有雇佣他人，公司所有业务都由他们夫妻二人共同经营，丈夫负责管理工作，而研发、销售、运输、宣传等活儿都是雅诗一个人干。接客户电话的时候，她不得不经常变化嗓音，一会儿高一会儿低，一会儿装经理，一会儿装财务人员，一会儿又装运输人员……

苍天不负有心人。终于，雅诗·兰黛的化妆品进入了美国最高级百货公司聚集地——第五大道的商场柜台上。经过几十年的努力，雅诗·兰黛终于打造出了自己的化妆品帝国。

一个人的成就与他自信所能达到的高度往往是有关的。如果雅诗·兰黛在困境中失去信心、一蹶不振，那么，怎么会有如今的化妆品帝国呢?

无论我们做任何事，始终都要充满自信、勇气和毅力，这是取得成功的关键。一个人无论能力大小、天分高低，成功都来源于坚定的自信。一个平凡的人，如果有了坚强的信念、自信和勇气，也能发挥超常的能量，做出不平凡的事业来。而有的人即使有出众的才干、良好的天赋、高尚的性格，但由于胆怯和意志不坚定，也很难成就非凡的事业。

世界上许多青年男女本来可以大有一番作为的，然而，实际上，他们却过着平庸的生活，做着卑微的小事，原因就在于他们过于自卑，缺乏远大的梦想和坚定的自信。他们因为自己先天地位的卑微，便认为别人所具有的财富和权力，都是上帝的恩赐，是自己望尘莫及、不该享有的。有了这种自卑的心理后，他们很难会有出人头地的念头。而这种自卑的观念，往往也变成了不求上进、自甘卑微的借口。

自信这一后天形成的主观因素，往往要比那些先天具有的客观因素，例如，血统、家境、财富等，更具有力量，它是人们成就任何事业最可靠的资本。自信能克服各种困难、消除各种障碍，能最终使事业获得成功。

还有一些人因为自信心不强，稍稍遭受一点挫折就半途而废。所以，有了自信心还远远不够，更需要使它变得坚定起来，如此一来，即使遇着再大的挫折，也能不屈不挠、勇往直前，而不会常常因为稍有不顺就退缩不前。

大凡事业有成的卓越人物，在他们身上都有一个共同的特征，那就是，他们在做一件事之前，都怀着坚定的信念，抱着必胜的决心。这样，他们在工作时就能全力以赴，克服一切障碍艰难，直至最后的胜利。

2

人的天职是在残酷现实中求生存，他能你也能

马克思曾经给他的女儿劳拉讲了这样一则寓言故事：

一个船夫渡一位哲学家过河，哲学家问船夫懂不懂历史，船夫说不懂。哲学家说那你就失去了一半的生命，又问懂不懂数学，船夫说不懂，哲学家说那你又失去了一半的生命。这时一阵大风把小船吹翻，两人都落了水。船夫问哲学家会不会游泳，哲学家回答说不会，船夫说那你就失去了整个生命！

这则寓言说明的道理很浅显，就是说，无论一个人的思想境界多么高尚、头脑多么聪明、知识储备多么丰富，如果不具备在残酷现实中求生存的基本技能，最终也不会有好的结局。

人的天职就是在残酷现实中求生存，他能你也能。可是，很多人都做不到这一点，有很多人虽然在事业上是一个强者，可在生活上，却是个弱者，最终被生活淘汰出局。尼采就是其中的一个典型。

尼采作为个体，在事业上是一个伟大的成功者，但在生活上又是一个典型的失败者。任何一个没有偏见的人读了尼采的著作，都会感觉到他才气横溢、光彩夺目、豪气冲天。可是，善于思考、思维缜密的尼采对生活一无所知，他缺乏人际交往的经验，做事显得幼稚笨拙。由于他的思想的发展未能达到预期的目标，在他生活的年代，很少有人能够理解他，他终生都被可怕的孤寂包围，以致于最后悲惨地离开了人间。

对每一个人来说，生活都是艰辛的。即使你才华横溢、位高权重，你的生活也不会幸免于艰辛，每个人都会不同程度地体验到生活的压力和痛楚。这时，在残酷现实面前，你首先要学习的就是面对挫折、维持生存的能力。

其实，生活远比我们想象得要容易一些。我们所需要的就是准备接受一切不可能的情况，要能够在一无所有的时候前行，要能够承受不可忍受的困境。经受生活的考验越多，取得的成绩就会越多。

我有一个小学同学叫李木子，她是我们同年级的学霸，但是，令人惋惜的是，她在小学五年级的时候，曾因为一场车祸把她的面部烧伤了。为此，她曾休学一年。经过了一年的身心调整后，她又再次回到学校上课，但是，她的整个左脸都留下了疤痕。令人惊叹的是，她落下了一年的课程，竟然没有留级，而且回来后依然牢牢地捍卫着自己的学霸地位。天知道在她休学的那一年里，她是如何一边疗愈身心的伤痛，一边刻苦学习的。

后来，李木子考上了一个重点大学，大学毕业后，她满怀激情地去寻找工作，然而，却四处碰壁，原因都是因为她脸上的疤痕。将近大半年了，她始终没有找到一份工作，而且，由于长期营养不良，她本就单薄的身体终于支撑不住了，被医生诊断为乙肝，那时，她的情绪跌到了最低点。尽管如此，她还是鼓励自己，要对生活充满信心。

经过李木子的不懈努力，她终于被一家新成立的公司的人力资源部录用，而录用她的竟然是一个比她小一岁，长得高挑、漂亮的女主管。但是，当她进入公司后，她才得知，自己之所以被招聘，也只是因为她是一个外貌丑陋的女孩。这让她不禁想起了左拉的名作《陪衬人》，而她在这个办公室就担任着“陪衬人”的角色，她所在的办公室只有两个人，一个是那位当初录用她的主管，另一个就是她自己。

自从进入这家公司，李木子每天忙得焦头烂额，她总有做不完的工作，这些工作有些是她分内之事，而有些则是那位主管该做的，为此，她每天都要加班，有时周末都不得休息。更让李木子内心受挫的是，凡是需要抛头露面、在老板面前邀功请赏的事，主管全都大包大揽，绝不会让李木子出面。最让李木子感到难堪的是，那位主管有一次相亲，竟然带上了毫不知情的她去作陪衬，主管就是想用李木子的丑陋、拘谨、胆怯衬托出她自己的漂亮、大方、傲慢。当李木子看到那位男士对主管的殷勤态度以及对她自己的不屑一顾的眼神时，一种羞辱感、愤怒感油然而生。她甚至想大骂主管，想拍桌子走人，可是，当李木子想到那段找不到工作、没有经济来源的艰难时光，想到自己每天要为治疗乙肝支付的医药费，她只好压制内心的愤懑，坚强地装出一副毫不知情、毫不在乎的样子。

在以后的很长一段时间，李木子也尽量做好一个陪衬人的角色，以此最大限度地满足那位主管的虚荣心以及功利心。她觉得这样做，至少不会让自己下岗。

经过五年的卧薪尝胆，李木子的命运有了重大转机，她的乙肝经过有效的治疗而痊愈，同时，她也积攒了足够的钱为自己做了整容手术，经过几次手术，她面部的疤痕消失得无影无踪，昔日的“丑小鸭”终于蜕变成为一个美丽的“白天鹅”。后来，她离开那家公司，尽管老板得知实情解雇了那位主管而让她留下来作主管，但还是被她婉言拒绝了。再后来，她在一家知名外企做了人力资源部经理。现在，李木子的人生和事业都走进了辉煌时期。

李木子在残酷现实中求生存，是一种明智的选择。如果没有多年的卧薪尝胆，李木子就不会有今天的辉煌成就。所以说，在残酷现实面前，首先要解决的就是生存问题，只要你能生存下来，一切难题都会迎刃而解。

生活就是一个不断学习、不断积累的过程，苦难则是伟大的老师。幸福和惬意不会锤炼意志，苦难却可以磨炼你坚强的品格。一旦在苦难中得到了锻炼，你就会意识到为更坏的情况作好充足的心理准备。

生活中，本无绝望的处境，只有将绝望带入生活的人们。关键在于，我们是如何对待自己的生存环境的。当你悉心接受了现实的残酷，你就能给予自己足够的勇气和信心，别人能够做到的，自己同样也可以。所以，无论任何时候，你都要记住：现实很残酷，但就算如此，那又有什么可怕的呢？

3

吃亏是福，贵人或许就是折腾你的那个人

我的一个朋友创办了一个工作室，效益一直很好。前不久，他说公司的主编离职了，而且还带走了几位得力干将。这位主编走后，公司的其他员工才敢向我的这位朋友告状，说主编在这些年和客户私下合作，从项目里套走了不少钱。我抱着同情的态度安慰他，可谁知他就像个没事人一样，说："其实我早就知道主编从项目中掏钱这件事，但是，这几年，正是因为有他在，公司的效益才这样好。所以，只要他不是太过分，我也就没计较。他毕竟也要养家糊口。"

朋友的一番话让我想到了"吃亏是福"。自从朋友创办工作室以来，他对待作者从不斤斤计较，只要稿件质量好，他从来不会

与作者因为价格争执不下。结算稿酬的时候，他也很积极，如果有作者急需用钱，无论公司资金周转多么紧张，他都会想办法给作者提前结算稿费。在这日益艰难的出版圈，他的这种贴钱行为往往让人很是费解。但是，就是这种看似吃亏的行为，让他一个小小的工作室在出版圈享有极高的口碑，国内很多知名作者纷纷主动与其合作，工作室的效益也是蒸蒸日上。

朋友对我说，做生意经常吃点亏，运气不会坏！这一点，我也表示深深的认同。一个人如果老是斤斤计较，不肯吃亏，人脉圈就会越来越小。而一个不计得失的人，对人会表现得豁达和宽容，如此一来，就会有极好人缘，也会有极好的机遇。

老子早在《道德经》里给我们以明示："祸兮，福之所倚；福兮，祸之所伏。孰知其极？"我们生活中的得失，都处在这种"福和祸"的转化关系之中，没有永恒不变的利益，也没有永远的吃亏。得失必然是循环往复的。我们如果能早点领悟这个道理，便不难敞开心胸，用豁达淡然的心境看待人生中的每一次"吃亏"。

历史上很多的贤士君子皆是如此，他们也都以能吃亏来要求自己和训诫子孙。

郑板桥曾留下两句四字名言，一句是"难得糊涂"，另一句是“吃亏是福”。对“吃亏是福”，郑板桥有这样一番详尽的注解：“满者损之机，亏者盈之渐。损于己则利于彼，外得人情之平，内得我心之安，既平且安。福即是矣。”他的意思是说，盈满是亏损的契机，而亏损则会逐渐趋向盈满，损失自己则会利于对方，如此一来，对方的内心会得到平衡，自己也会感到心安，既让别人内心得到平衡又让自己心安，福气自然就会降临。

李嘉诚曾经说过：“有时看似是一件很吃亏的事，往往会变成非常有利的事。”这就是“吃亏是福”，这就是现实生活的得失之道。小处吃亏，大处受益；暂时吃亏，长远受益。不断吃小亏的过程，就是不断积累人脉的过程，你生命中的那个贵人或许就是那个曾把你折腾得翻来覆去的人。

俊俊是一家知名报社的编辑，他的工作效率特别高，别人需要用一天时间完成的版面，他只要半天的时间就能够完成得让人无可挑剔。而且他的文笔也特别好，写起稿件来一点不比社里的金牌记者差，甚至他拍照片也特别有感觉，拿手机随手拍出来的作品，常会让人有一种单反大片的既视感。公司里的同事都觉得他是个奇才，领导更是看他一百个顺眼，但是，他现在所拥有的一切能力，都不是与生俱来的，而恰恰是在他的前任公司磨炼出来的。

在这之前，俊俊在一家小报社当编辑，领导为了节约开支，便把原本应该两个编辑完成的工作都压在他一个人身上，不仅如此，一旦有稿件不足的情况，还会经常要求他写上几篇补版面。有一次，他在排版时，觉得有篇新闻如果配图的话效果可能会更好，便向领导申请去向专业摄影师那购买相关的照片，价格不到二百块钱，但是，领导却沉下了脸："这种事还要花钱？你自己拍一张不就OK了。"从那以后，他便兼职当上了摄影记者，写稿之后，他便拿着相机去拍素材，然后自己编辑，自己规划版面。俊俊就这样拿着一份微薄的工资，却承担下好几个人的工作。

然而，在俊俊身兼数职的那段日子中，他并非没有不满，眼看着身边的人的收入都水涨船高，他也并非不会委屈，可是，当家人朋友都劝他换个工作时，他却总是回答"时机未到，再等等"。

三年后，领导看俊俊一直以来兢兢业业、拼命工作而于心不忍，终于主动提出给他涨薪，他却只是淡淡一笑，然后，向领导递上了一封辞职信。随后，他便出去面试，没想到出乎意料地顺利，十几个应聘者一同上电脑做版面，他第一个完成，而且做得简洁漂亮；让写一段编者按，他写得犀利透彻，入情入理，面试官看他的眼神充满了惊喜与欣赏；他甚至拿出了一大摞自己平日拍摄的适合做新闻配图的照片，虽然这并不在编辑责任之内的事情，但却为他在面试官那里赢得了很高的加分。

就这样，俊俊在隐忍了三年后，终于等到了这个时机，而当初所有的“吃亏”，在今天看来都变成了他成功路上的福祉。

人生漫漫，在通往成功的路上，谁都不会一帆风顺，必然是荆棘密布、坎坷曲折，每一个渴望成功的人都要一步一个脚印慢慢地攀上巅峰。不经历风雨，哪能见彩虹？不吃点小亏，怎能享得了大福？任何一个有作为的人，都是在不断地吃亏中成熟和成长起来的，从而才能变得更加聪慧和睿智！乐于吃亏是一种至高的境界，是一种自律和大度，更是一种人格上的升华，只有如此信念坚定之人，才有可能获得成功。

4

与其为受伤而惆怅，不如学会给自己疗伤

在一次高中同学聚会时，我们班混得最好的同学王鹏在闲聊中讲起了他的成长经历，他说他能有今天要感谢他的父亲曾经对他的教导。

王鹏出身于农民家庭，他的父亲是一个地地道道的木匠。高中毕业那年，他落榜了，那年夏天，他心灰意冷，跟着父亲四处去做木工活。他每天都忍着刨花和油漆的强烈刺激，内心还要忍受低落情绪的折磨，那时的他，感觉人生毫无价值而言。一天，他看到父亲在修整一块木板，上面有个木结，怎么也刨不平。父亲停下来去抽烟，他不服气，就代替父亲刨，结果手都磨出血泡，也没将木结去掉。他懊恼地问父亲："这玩意儿怎么这么硬？"

父亲说："因为树小的时候受过伤，结了疤，所以比别的地方要硬得多。"

在遭遇外界的伤害之后，有些树就会死掉，而活下来的树身上就会留下一个终生难愈的伤疤。而树会一直牢记这个伤疤曾经给自己带来的伤痛，为了对抗残酷的伤害，它便层层加固，于是，日积月累，伤疤处会变得格外坚硬。人的一生往往也和树的一生极其相似，他会因为伤痛的打击而变得坚强。伤痛会打倒一些人，也会让另一些人变得更强大。

父亲的一番训导，让王鹏决心回到了学校复读，通过一年的努力，他考上了一所高校，大学毕业以后，他便开始自己创业，虽几经失败，但最后终于获得成功。

在漫长的人生路上，我们难免会跌倒，会受伤，与其为受伤而惆怅，不如学会给自己疗伤，学会善待自己，好好爱自己。面对伤痛，懂你的人自然会帮你分担你的伤痛，而不懂你的人，则会视你为无病呻吟。与其博取他人的怜悯，不如自己爱惜自己。

事业不会永远辉煌，前行中难免遇到沟坎，情缘里总会蕴藏各种酸甜苦辣，我们不要求别人为己，也不要苛求自己求人，路不通时会有转弯，路不平时要多加努力。持有这样的人生态度，我们才能逐渐走向成功。

赵强是一名名牌大学的硕士，毕业后，他在本省的一家国企找到了一份很好的工作，后来又娶了一个漂亮的妻子，过着安稳无忧的日子。然而，好景不长，在他30岁那年，他所在的国企濒临破产，他下了岗，半年后，他的妻子也离开了他。他为此颓废了很长一段时间才重新站起来，之后他毅然决然地踏上了北上的列车，开始了北漂生涯。

徘徊在繁华的帝都，举目无亲的赵强没有丝毫的喜悦，身处在陌生的环境中，他甚至有些茫然无措。辗转数日后，他费了很大力气才找到了一份工作：在一所私立学校当语文老师。起初，他的工资很低，但他在当时已经很知足了。对他而言，要想走出一条属于自己的路，无论是处于何种环境，沦落到何种地步，他都必须毫不犹豫坚强地走下去。

在那所私立学校，所有的老师都是和他一样的北漂族，他默默地享受着和那些北漂族一起生活、一起教学的乐趣，渐渐地，他发现了那些北漂族在艰苦条件下展现出的犹如金子一样闪光的人性。于是，赵强决定记下这些让他感动的瞬间，他拿起了手中的笔，开始了他的打工文学创作。他白天要上班，只有晚上才有时间写作，如此高负荷的工作丝毫没能阻挡他努力进取的步伐。他每天都要奋战到深夜，将自己对生活的感受写成诗歌散文，发表在学校的报刊上。在从事文学创作的过程中，他发现，自己的这些苦痛经历反而成为了他体验生活真谛的宝贵源泉。

于是，他就这样一边辛苦地工作，一边认真地写作，过着紧张而充实的生活……久而久之，历经艰辛的赵强逐渐变得坚强和豁达起来，面对尘世的一切欺骗、苦难、不幸与挫折，他都能坦然面对、悉心接受。同时，他也尽量地张开自己所有的触觉去体验各种各样的生活，以此丰富他的阅历，去进行文学创作。因此，无论后来他又遇到怎样的挫折与苦痛，他都会勇于直面现实，把深切感受变成文字，去鼓励那些身处不幸无法自拔的人们，指引他们走出苦痛，重新开始生活。

四年后，赵强的作品在国内很多知名杂志社发表，而他也在偶然的一次机遇中进入到某知名杂志社工作。在那里，赵强更加地刻苦学习和努力工作，他的生活也因此变得充实而快乐，他再也不会因为受伤而惆怅不前，他在自我安慰中日益强大。

一路走来，我们会遇上各种各样的人，但是，没有谁能一直陪你走下去。漫漫人生，我们终究还是靠自己去走。人是为自己活着的，同时，也是为爱你的和你爱的人活着。但无论如何，生活是你自己的，你不能只活给别人来看。

在这世界上，没有任何一个人比自己与自己的关系更为密切。所以，你要清楚地知道，真正能读懂自己、捂温自己心房的，不是别人，而是自己内心的声音。或许，我们偶尔也会有自己也无法清楚自己是谁，但是，不要急躁、不要忧虑，时间和冷静能拨开你所有的迷茫。

人在路上走，沿途中总会有风雨来袭，无论如何，你都不能因为有风雨的阻碍而止步或退缩。你尽可以迎上风雨，无所畏惧，相信走过风雨之后，绚丽的彩虹就在不远的前方等你。这时，你的伤痛早已疗愈，你可以用坦然的心态去面对生命中每一个喜怒哀乐的日子。

5

信念里没极限，你给自己鼓励就是在激发自己的潜力

《老人与海》中的老渔夫圣地亚哥在连续84天没捕到鱼的情况下，终于独自钓上了一条大马林鱼，但这鱼实在太大，把他的小船在海上拖了3天才筋疲力尽，被他杀死绑在小船的一边，而在归程中一再遭到鲨鱼的袭击，最后回港时只剩下一副鱼骨。

“一个人并不是生来要被打败的，你尽可以把他消灭掉，可就是打不败他。”圣地亚哥身上的这种正能量一直震撼并感染着我。他能在一个孤苦无依的环境中，勇敢地面对一切艰难险阻，不断地打败自己绝望的内心，战胜自己的孤单和寂寞，最终撑到了终点。

人往往只有到了山穷水尽疑无路时，才会爆发出自己全部的生

命潜力。每个人的身上都蕴藏着一份特殊的潜能，那份潜能犹如一位熟睡的巨人，需要我们用坚定的信念将它唤醒。所以，我们要想成功，就要树立坚定的信念。

美国的罗杰·罗尔斯是纽约的第53任州长，也是纽约历史上的第一位黑人州长。他出生于纽约声名狼藉的大沙头贫民窟。那里的环境肮脏，到处充斥着暴力，是偷渡者和流浪汉的聚集地，生活在这种环境的罗杰·罗尔斯，从小就学会了逃学、打架，甚至偷窃。

有一天，罗杰·罗尔斯正在课堂上捣乱，被新上任不久的校长看到了，校长没有批评他，反而说要给他看手相。于是，他从窗台上跳下，伸着小手走到校长面前。校长看着他脏兮兮的小手说："我一看你修长的小拇指就知道，将来你是纽约州的州长。"罗杰·罗尔斯大为吃惊，因为从小到大，只有他的奶奶曾让他振奋过一次，说他可以成为5吨重的小船的船长。这一次，校长竟说他可以成为纽约州的州长，这着实让他感到惊喜。他在心底深深记下了这句话，并且相信了它。

从那天起，纽约州州长就像一面旗帜飘扬在罗杰·罗尔斯的心间。他的衣服不再沾满泥土，他说话时也不再夹杂污言秽语，他开始挺直腰杆走路，没过多久，他便当上了班长。在以后的几十年里，他每时每刻都在以州长的标准要求自己。在他51岁那年，他真的成了州长。在他的就职演说中，他说：信念值多少钱？信念是不值钱的，它有时甚至是一个善意的欺骗，然而你一旦坚持下来，它就会迅速升值。这正如马克·吐温所说的：信念达到了顶点，就能够产生惊人的效果。

对于一个人而言，信念没有极限，它是抵达人生“极限”的动力。任何成功人士，他们曾经也都是凡夫俗子，唯一不同的是，他们有着超乎常人的坚定信念，他们懂得为自己鼓掌从而能够不断激发自己的潜力。

她，从小就“与众不同”，因为小儿麻痹症，不要说像其他孩子那样欢快地跳跃奔跑，就连平常走路都做不到。寸步难行的她非常悲观和忧郁。随着年龄的增长，她的忧郁和自卑感越来越重，她甚至拒绝所有人的靠近。但也有例外，邻居家的残疾老人是她的好伙伴。老人在一场战争中失去了一只胳膊，然而他非常乐观，她也喜欢听老人讲故事。

有一天，她被老人用轮椅推着去附近的一所幼儿园，操场上孩子们动听的歌声吸引了他俩。当一首歌唱完，老人说道：“让我们为他们鼓掌吧！”她吃惊地看着老人，问道：“我的胳膊动不了，而你只有一只胳膊，怎么鼓掌啊？”老人对她笑了笑，解开衬衣扣子，露出胸膛，用手掌拍起了胸膛……

那是一个初春的早晨，风中还有几分寒意，但她却突然感觉自己的身体里涌起一股暖流。老人对她笑了笑，说：“只要努力，一个巴掌也可以拍响。你一定能站起来的！”那天晚上，她让父亲写了一张纸条贴在墙上：“一个巴掌也能拍响！”从那之后，她开始配合医生做运动。无论多么艰难和痛苦，她都咬牙坚持着。有一点进步了，她又以更大的艰苦姿态，来求更大进步。甚至父母不在家时，她自己扔开支架，试着走路……蜕变的痛苦牵扯到筋骨，她坚持着，相信自己能够像其他孩子一样行走、奔跑。

11岁时，她终于扔掉支架，开始向另一个更高的目标努力着：锻炼打篮球和参加田径运动。1960年，罗马奥运会女子100米决赛，当她以11秒18第一个撞线后，掌声雷动，人们都站起来为她喝彩，齐声欢呼着她的名字：“威尔玛·鲁道夫！威尔玛·鲁道夫！”那一届奥运会上，威尔玛·鲁道夫成为当时世界上跑得最快的女人，她共摘取了三枚金牌，也是第一个黑人奥运女子百米冠军。

著名的黑人领袖马丁·路德·金曾说过：“这个世界上，没有人能够使你倒下，如果你自己的信念还站立着的话。”在实际生活中，很多人之所以没有成功，就是因为他们太过于贪图安逸，只要能吃上馒头，他们就不会再奢求蛋糕。而像威尔玛·鲁道夫一样的成功者，他们之所以能够取得成功，与他们敢于挑战命运息息相关。只有敢于挑战命运，永不安于现状，才能不断改写人生，进而获得新的成功。虽然这样的人生充满了动荡与坎坷，但是，正所谓“无限风光在险峰”，只有经过磨砺的人生才能大放异彩。

信念里没极限，你给自己鼓励就是在激发自己的潜力。当我们身处逆境，遭受不幸时，不妨鼓起勇气，为自己鼓掌加油，只有这种源自心灵底部的渴望与欲求，才能真正激发我们的斗志，让我们昂首阔步迈向成功。

6

别人的人生很丰满，那是因为他长期鼓舞自己

在生活中，一些人面对别人的成功，常常会表现得抱怨嫉妒恨，尤其是和自己条件差不多的人，比如同事、同学等。我曾经有一个同事，就因为业绩特别突出而招来公司内很多同事的嫉妒和疏远。“她仅仅是幸运而已，要是给我这样一个好选题，我也能写出优秀稿件。”“我每天加班到很晚才回家，上天真是不公平！”“凭什么是她啊！”……

没有谁的成功是偶然得来的，也没有任何失败是客观注定的。“嫉妒人家幸运捞着好选题，如果你真的有能力，就是炒冷饭的选题你也一样能写得别出心裁。”“你每天确实加班到很晚，可是，你加班的时候并没有在专心工作，不是打开QQ聊天，就是淘

宝购物。”“人家工作如此拼命，为公司作出如此大的贡献，凭什么有好事不想着她呢？”……

其实，我想说的就是，年轻人，你的人生才刚刚开始，迷茫、困惑都是再正常不过的事情，但是，你不能因此而止步不前。你应该尝试着给自己施加一些压力，不要总是想着给自己找借口、留退路。你只看到别人的人生足够丰满，可是，你不知道，在其成功的背后，他们始终在给自己鼓励，时刻提醒自己要不断努力，不断开拓新的道路。

对于一个二十岁出头的年轻人而言，除了仅剩为数不多的青春以外，你还有什么呢？但是，你手头这为数不多的青春却能决定你未来成为一个什么样的人。而你在将来会成为一个什么样的人，很大程度上取于你在这个阶段做了什么。

著名作家刘墉早在高中时代，他就知道人生不只有一条单行道，不是只有靠着读书考学，进入研究院，才能进入社会这样的路，一定还有更多的选择在等着你去实践。因此，他在年轻的时候，为自己铺设了很多条可能的道路，最终促使他成为出版家、编辑、诗人、画家等。

在高中时代，刘墉就有放弃考学的想法。他创办了校刊，为此经常请假去印刷厂，一蹲就是一整天。由此影响了他的学习成绩，使他总是拿“丙”。有时候，训导处说他的文章有早恋倾向或者不够积极向上，必须撤掉，他就蹲在印刷厂赶稿子。为了尽快填补空缺，他开始写诗，而这一写，竟然把自己写成了诗人，拿到青年诗人奖，参加世界诗人大会。

进大学之后，刘墉仍然在编刊物，继续和印刷厂打交道。当他写出自己的第一本书《萤窗小语》时，他四处寻找出版商或出版社为他出版，可是，他们都觉得如此小书，根本不值得他们出马，建议他自己去印。于是，他就真的自己出版了。起初只是印了几千册，没想到很快就卖光了。后来，一版接着一版，加印了很多次，最终竟然卖出了几十万册。再后来，他一本接着一本地写，最终推出了数十本著作。

然而，刘墉的人生并不止于当作家写书。他仍在继续丰富自己的梦想，投资更多的路，更多的人生选择。他用畅销书赚的钱来贴补自己的“私房书”，做很多看起来是“赔钱”的事，疯狂的事，例如画画和摄影。

大学毕业后，刘墉先后尝试进入各个领域。他曾经做过高中教师，接着，他又去电视台做综艺主持人。后来，他又选择进入冷清的新闻部门，当他拿到“最受欢迎的电视记者”之后，又索性辞职去了美国。在继续读书、教书，拿到副教授职位之后，他又干脆地辞职回到了台湾。

写书成功之后，刘墉从来没有圈禁视野、停下脚步，他就这样在不同的行业，不同的领域，不同的人生可能里，不断地尝试，不断地学习，不断抵达每条路的高峰。就像他说的那样，人生从来不是只有一条路，如果自己把梦想限制得太死，不给自己留任何后路，只看到一种人生可能，那又怎会成就今日的他呢？

这个世界太过浮躁，人心也过于浮躁，看着别人丰满的人生，内心充满渴望却又不肯去改变。以致于大多数人都陷入了模式化的生活——少小读书，长大离家，为了一份或多或少的薪水，做着自己可能并不是很喜欢的工作，过着平淡得能够一眼看到人生尽头的生活。试问，这样的人生真的是你想要的吗？

世界那么大，那么丰富多彩，是我们穷尽一生都难以到达的，为什么还要把自己的人生蜷缩在一个安于现状的蜗牛壳里呢？也许，我们穷尽一生也很难取得伟大的成功，但是，通过我们的努力，我们至少可以轻而易举地成为一个和过去不同的自己。

对于任何人而言，无论现实如何残酷，只要内心充满梦想，对自己的人生有所期望，并为之不断奋斗，你就会拥有与众不同的人生。

7

你有战胜现实困难的勇气，残酷的现实就会变得阳光起来

“无论什么，只要你在活着的时候应付不了生活，就应该用一只手挡开点儿笼罩着你的生活的绝望……但同时，你可以用另一只手，草草记下你在废墟中看到的一切，因为你和别人看到的不同，而且更多。”1921年10月19日，德国小说家卡夫卡在他的《日记》中写下了这段话。这位长期生活在痛苦和孤独之中的伟大文学家用左手挥去一战前后弥漫的硝烟，用右手写下了传世的文字。

现实很困难，的确如此，但是，只要我们拥有战胜现实困难的勇气，残酷的现实也会变得阳光起来。只要你想，一切都还来得及；只要你想，人生随时都可以重新开始。

程程是一个农村女孩，在经历了残酷的高考后，她幸运地考上了北京的一所大学。在她的家乡人看来，北京就像天堂一样，只可仰望，不可企及，而她居然考去了北京，她是父母眼中的骄傲，整个镇子都知道她很有出息。

程程带着新奇来到北京，这样繁华、这样高档的生活，带给她了许多刺激。一年后，最初的兴奋很快就过去了，她很失落。因为，在来北京之前，她是父母眼中的骄傲，她是年级里的优等生，是老师同学关注的焦点，她鄙视玩世不恭之人，生活中完全中规中矩，那时的她，认为烫头发都是坏学生的表现。可是，现在，她发现，原来她周围的人都很优秀，她普通得不能再普通，她没有了被人捧在手心的感觉。同时，她也很土，她说着一口让人嘲笑的方言，没有时尚、漂亮的衣服，对很多新鲜的事物也不懂，可她又很羡慕那些穿着时尚又懂很多东西的人，她除了学习什么都不会，不会弹琴，没有特长。再者，原来她的学校，在北京也只是一所普通的重点大学而已，周围的舆论给了她一种信息，就是她所在的大学其实很受歧视，她开始羡慕清华、北大的同学，校园是那么大，名气更是响当当……这种失落感让她日渐自暴自弃，她开始整天泡在网吧，上网聊天、打游戏，逃课去逛街买衣服……最后甚至达到了挂科的地步。

直到大四那年，程程的家里遭遇了一场大火，家产被烧得精光，而母亲也不幸身亡。父亲打来电话委婉地告诉她，希望她减少生活费。在这样的打击下，她终于崩溃了，整个人失去了生气，不是因为没有钱，而是突如其来的灾祸残酷地摆在了她的面前，让她措手不及。她觉得自己是如此差劲，她受不了别人鄙视的眼光，受不了父亲期盼的眼神，受不了母亲的突然离去，然而，她最受不了的，是自己对自己的失望，她甚至想结束自己的生命，但她又有不舍，有不甘。最后，她的理智战胜了脆弱，就在她最绝望的时候，她没有放弃自己，而是选择重整旗鼓。可这时，已经到了实习期，她只能到社会上去弥补曾经荒废的大好时光。

离开校园后，程程便下定决心要自己独立生活，不再伸手向父亲要钱。她每天早出晚归，她做过服务员，做过勤杂工，换了很多工作，虽然很累，但她觉得很充实。在她看来，服务员、勤杂工并不可耻，因为她在靠自己的力量生活；实习生也不卑微，因为她在努力生活，在逐渐走向优秀。直到她经过自己的努力成为一名五星级酒店的总经理的那一刻，她才真正意识到：其实，挫败并不可怕，可怕的是失去了重新生活的勇气。

人的一生要经历很多个阶段，一个阶段的生活结束了，成功也好，失败也罢，都已经成为历史。无论你怎样追忆，那终究已成为过眼烟云，一去不复返了。你唯一能做的就是调整好心态，鼓足勇气，重新开始。只要你愿意去努力改变现状，一切都还不晚，一切都还来得及。

在我们的身边，一定有很多身陷挫败而不能振作的人，如果你也是，那么，你是幸运的，因为这是你主宰自己命运的开始，虽然这个转变很痛苦。人与动物的最大差别就是人有灵性，相信你肯定不想一辈子庸庸碌碌，不想一辈子跟风……可是，一旦你选择了这条路，你要知道，你所选择的不是常规的一条铺满鲜花的路，可能没人支持、不被理解、会被嘲笑，但请你不要放弃，你所选择的是一条有很多别样风景的、充满思想光辉的路，很多人没能坚持走下去，甚至选择了结束生命，可是你一定要挺住，为了心中的那份不舍与不甘，不管经历怎样的痛苦，都不可以放弃。

坚持下去，我们不仅仅能收获成功，还有快乐、充实、多彩的人生。你想想，一个有思想又愿意努力的人，怎么可能不成功？一个人可能很努力，但没有自己的思想，他一辈子不知道为自己活，比起你所经历的痛苦，这简直就是悲剧。只要你还有思想，只要你肯坚持下去，那么，所有的苦难都是值得的。一个永远按照安排走、永远听话的人，他一辈子都不会受到质疑，他永远都会受到表扬，这样的人生其实是悲哀的。而你在与现实困难相抗衡的过程中，很可能会多次遭到别人的质疑，尽管如此，你却可以问心无愧地对自己说，虽然每一步都走得很慢，但是我不曾退缩过，你的人生不会留有任何遗憾。

今天的生活，是由几年以前的努力程度决定的，但是，如果你今天还过着和几年以前一样的生活，那么，几年以后，甚至整个后半生，你的人生仍将如此。年轻，正是挑战自我的时候，正是发奋努力的时候。你一定要相信，你的生活会因为你每一次的挑战和努力而变得越发阳光起来。

/

CHAPTER

/

第五章

你遇事淡定了，别人的安慰将是多余的

1

胆怯不是天生就有，是别人的安慰惯出来的

我有一个小外甥女，表哥表嫂在将近四十岁的时候，才有了这个孩子，所以，自小就很宠着她。不论大事小情，表哥表嫂都会大包大揽，为孩子承担一切。久而久之，我的小外甥女就表现得极为胆小怕事，凡事都要依赖她的父母，一些举手之劳就能完成的事也要找父母帮忙。去年，她大学毕业后四处找工作，可是由于她的胆怯，在面试时不敢表现自己，找了半年多的工作都没被录用。无奈之下，表哥表嫂就动用所有能用得上的人脉，倾其所有为女儿在一家国企找了一个文职。他们本以为这样就可以安稳无忧了，可是，小外甥女进入国企工作后，问题又接踵而来，由于她做事总是畏首畏脚，经常遭到上级的责骂，再遇到过大的工

作压力，她就会默默哭泣。回家时，每天都要和父母抱怨别人对她的不公……

胆怯不是天生就有的，是被人惯出来的。我知道，在实际生活中，一定有很多像我的小外甥女这样的年轻人，习惯了父母的庇佑、习惯了生活的舒适安逸，一进入社会，面对职场的冷酷和压力，难免会无从应对，心生怨气。

可是，人终归是要成长的，你可以不成熟，但不能不成长。而要想让自己快速成长起来，最可靠的人不是别人，而是你自己，为何总想着依赖别人，而不是依赖自己呢？在这个世界上，你要勇敢地做你自己的上帝，因为，你的命运只能由你自己来主宰。

这让我不由地想起我曾经的一个同事，他叫沫沫。他外表上看起来也很斯文，戴着黑框眼镜，身着深色T恤、牛仔裤，头戴棒球帽，打扮得像个大男孩，而且，他还是一个很有想法的人。由于我和他的座位临近，自然就走得很近，我很快就发现了他的多才多艺和内心世界的丰富多彩！

但是，让人费解的是，在实际工作中，他总是表现得很平庸。在领导开会时，他从来不发言，总是垂首倾听。领导让大家提些改进意见，他也总是说些浮光掠影的东西，让人觉得毫无实用性。有时看着大家讨论激烈，他也会忍不住发表几点创意性的想法，由此给人做了铺路石，有心人将他提出的想法加工润色一下，并以书面形式呈给领导，领导看了之后对其大肆表扬。

如果你问沫沫在工作上有何打算，他会敷衍说目前挺好的，暂时没别的想法，对于未来，他更是没有设计，没有追求，至于对功名利禄等大多数人热衷的目标也丝毫不感兴趣。他就这样抱着走一步算一步的心态，蒙混度日。有时大家一起聊天，他偶尔也会蹦出只言片语，由此让人能感觉到他的卓尔不群，他能够从不同的角度看问题，即便是只言片语，仍能透出真知灼见。在我看来，只要沫沫大胆地表达自己的想法，一定不致于让自己的才华白白地被埋没这么多年。

一次，我们几个同事约好去做蹦极运动，沫沫说什么也不敢去，于是，我们几个人生拉硬拽地将其带去。站在悬崖边时，大家都在深呼吸做准备，我却在余光中看到他后退两步。这时，我鼓励他："闭上眼睛，纵身一跳，就会感到前所未有的轻松与愉悦。"当几个女同事都相继跳下去时，我又对他说："你看，连小姑娘都能做到的事情，你一个大男子汉有什么可怕的。"或许是我的这番话刺激到他的敏感神经，只见他紧闭双眼，纵身一跃跳了下去……

说来也奇怪，自从做了蹦极运动后，沫沫似乎克服了胆怯心理，逐渐变得胆大起来，平时会很积极地和大家坐在一起聊天，领导开会，他也越来越踊跃发言，经常能够提出一些有建设性的意见，由此让领导对他刮目相看。再后来，鉴于他在工作中的卓越表现，他竟然被领导调到策划部做了策划主编。

真正能够主宰自己命运的人就是自己，当你克服胆怯，相信自己的力量之后，你就能充分发挥你自身的潜能，你前进的脚步就会变得轻快，你就会离成功的目标越来越近。

有人曾做过统计，大多数没能成功的人都有个通病，那就是过分胆怯。正是这种通病，将他们的雄心壮志打入了万劫不复的深渊！试想，一个人如果不敢表达自己的真实想法，胸怀壮志又有何用？如果想法不能用来付诸实践，那么，人类的思维又有何用？因为害怕未知的失误导致的失败和遭到嘲笑的后果，因此便心甘情愿地失去另一半的胜算，这样的逃避代价是不是太不划算？

很多时候，我们胆怯怕事，是因为我们担心改变，会让我们失去原有的东西，例如，那些看起来还不错的存在，你苦心经营的成果，努力维护的完美。你的车子，你的房子，你原本安稳无忧的工作……你担心改变了以后，所得到的东西会不比从前。可是，生活是你自己创造的，你不去冒险，就永远过不上更好的生活。

在这个竞争激烈、弱肉强食的社会，你应该果断地、毫无顾忌地向世人宣告并展示你的能力、你的风采、你的气度、你的才智。只有摆脱了依赖，抛弃了拐杖，具有自信、能够自主的人，才能走向成功。

自立自强是走入社会的第一步，是打开成功之门的金钥匙。真正的自助者是令人敬佩的觉悟者，他会不畏困难，而困难也会在他面前轰然倒地。大胆地行动起来吧！因为依赖别人，不如期待自己，只有你自己才能真正帮助自己！

2

每个人都有性格弱点，习惯他人安慰就会变得怯懦

我认识一位退休的大学教授——张教授，初次相识时，觉得他这个人办事谨慎稳重，不愧为教授。可是，久而久之，我发现，或许是由于过分谨慎稳重，他处理事情总是犹豫不决，过于怯懦。一次闲聊，他和我聊起他的曾经，他说他这辈子最后悔的事情就是当初没能和自己的好友去创业，以致于错失了一个大好的成功机会而终生默默无为。

在下海潮最流行的那几年，张教授的心里也是痒痒的，也想去创业。当时，凡是教职工的创业项目，大学方面都支持，提供多项便利的条件。张教授有两个好友也是大学老师，他们想办一所民办大学，于是，拉他入伙。对于好友的创业规划，他当时听得

心潮澎湃，但是，回到家里，静下心来想想，又觉得风险太大。于是，他习惯性地把这件事情告诉妻子，希望妻子能给自己出个主意。妻子听了之后，坚决反对，万一创业失败，就会让你失去了这份体面的工作，这个代价简直太大了，而且家中上有老下有小，都指望着你呢，你要是失业了，全家都得喝西北风去。就这样，一向对妻子言听计从的张教授放弃了这次创业机会。几年后，张教授的两个好友创办的民办大学很成功，就业率甚至超过了公立大学的某些专业。他们两人都成为了教育界的名人，而张教授依然是个默默无闻的大学教师，过着平平常常的生活，学术上也没有太多建树，生活更是没有太大起色。他的怯懦，注定了今日的碌碌无为。

每个人都会有性格弱点，如果你总是习惯依赖他人，你就会变得懦弱。治疗怯懦的唯一办法就是大胆出击。别再犹豫不决，别再揣度未知的困难，只有下水之后方知深浅。只有突破自我这道屏障，我们才能走出漩涡，走向自己期待的人生。

米老鼠和唐老鸭的“父亲”是华特·迪斯尼，他不但画出了风靡全球的米老鼠和唐老鸭，还以它们为主角拍摄了有声动画片和彩色动画片，并且为这些银幕卡通形象在全球建造了迪斯尼乐园，造就了一个卡通娱乐王朝。然而，迪斯尼的成功之路却并非一帆风顺的，他在向他人展示和证明自己的作品时，一次又一次遭遇挫折和打击，但尽管如此，他还是不断挑战自我，坚持自我，最终实现了自己的梦想。

华特·迪斯尼在上小学的时候，就着迷绘画和冒险小说，他喜欢读马克·吐温的《汤姆·索亚历险记》，更喜欢天马行空地进行创作。在一次绘画课上，华特·迪斯尼充分地发挥自己的想象力，把一盆花朵都画成了人脸，把叶子画成人手，并且每朵花都有各自的表情。然而，循规蹈矩的老师根本就不理解孩子心中那个奇特的世界，竟然认为华特·迪斯尼这是胡闹，并把华特·迪斯尼拎到讲台上狠训了一顿。值得庆幸的是，这位老师并没改掉华特·迪斯尼乱画的这个“毛病”。

中学时期，华特·迪斯尼负责校刊中的漫画，他总喜欢在漫画中体现自己的想法。这时，第一次世界大战爆发了，中学刚毕业的华特·迪斯尼为了见见世面，报名当了一名志愿兵，去欧洲做了一名汽车驾驶员。闲暇的时候，他经常创作漫画作品，并寄给国内的幽默杂志。然而，他的作品无一例外地都被退了回来，理由是：作品太平庸，作者缺乏才气和灵性。但是，华特·迪斯尼却对自己信心满满，并决定日后要成为一名漫画家。

战争结束后，华特·迪斯尼决定要去实现他的画家梦。于是，他来到了堪萨斯市，费尽心机找了一份画家的工作，却因缺乏绘画能力而被辞退。随后，又先后成立美术公司和动画公司，但都以失败告终。

几经挫折后，华特·迪斯尼和他的哥哥在一个废弃的仓库里，又重新成立了一家公司。就在这家公司成立的当年，米老鼠在华特·迪斯尼的笔下诞生了。此后，华特·迪斯尼又陆续创造出唐老鸭、匹诺曹、白雪公主和七个小矮人的形象，同时，他先后制作出受人欢迎的动画短片和动画长片。特别是制作有声彩色动画长片《白雪公主》的时候，他将这部动画长片设定为一个半小时的长度，而当时的短片大多只有十几分钟。这部片子投资巨大，华特·迪斯尼不得不把前几年赚的钱都投进去，还将自己的片厂抵押了出去。这个举动让所有的人，包括自己的哥哥，都认为华特·迪斯尼准是疯了。然而，在他人的冷嘲热讽中，这部在当时看来超长的动画片大获成功，实现了票房和口碑的双赢，成为动画片史上的一个里程碑。

《纽约时报》这样评价华特·迪斯尼："华特·迪斯尼白手起家，仅凭着一点绘画才能，永远不被认可的天赋想象力，以及百折不挠的决心，成为了好莱坞最优秀的创业者和全世界最成功的漫画大师。"确实如此，华特·迪斯尼的成功，就在于他不顾他人的否定和嘲笑，勇于不断地主动出击。

每个人在一生中都有成功的机会，但大多数人不会成功。他们不是没有能力，不是没有理想，也不是不愿为之付出代价，而恰恰就是因为他们无法战胜自己内心的怯懦，缺乏主动出击的能力。敢于主动出击，善于抓住机遇的人，正是凭借这点开创了自己的辉煌人生，成为春风得意的佼佼者；而更多胆小怕事的人却没有能够抓住机会，所以，只能碌碌无为地度过一生。

生活中，总有一些人时时哀叹命运的不公，说什么别人遇到的都是明媚的阳光和煦的春风，而自己碰到的净是冰天雪地寒霜冷雨，大有怀才不遇、生不逢时之感。果真如此吗?

其实不然。上帝对待每一个人都是公平的，在给予别人成功机遇的同时，也在给予你同样的机遇。但是，机遇往往是突如其来并且稍纵即逝的，不细心留意，你就丝毫察觉不到。所以，获得成功的最有力的办法就是，排除一切干扰因素，主动出击，不要犹豫不决。

伟大的作家雨果说过：“最擅长偷时间的小偷就是迟疑，它还会偷去你口袋中的金钱和成功。”虽然我们没有100%的把握保证每一次决定都能获得成功，但是现实的情况就是等待不如决断。所以，在机会转瞬即逝的当代社会，等待就意味着“放弃”，成功者宁愿“立即失败”，也不愿犹豫不决。就像SAP公司的CEO普拉特纳所说的那样："我宁可做6个正确决定和4个错误决定，也不要犹豫等待。"

通往成功的路上，我们往往要克服很多你意想不到的困难，但是，最难克服的，就是我们内心的怯懦。这就需要我们在残酷现实中不断给自己以鼓励，相信自己，只要敢于主动出击，就一定会有成功的那一天！

3

厄运是你的生活小插曲，不是你索要安慰的借口

我在刚进入大学校园时，和所有懵懂少年一样，发誓要珍惜韶华，时刻做好准备，踏实地向着自己的未来前进。然而，想法产生得容易，实践起来则很难。我和所有胸无大志的人一样，每天得过且过地混日子，赖床、逃课、泡网吧、闹失恋……那时的我，就像一片轻得不能再轻的鸿毛，随波逐流，我的人生信念就此臣服于现实。于是，我只好安慰自己说："大家不都是这样过来吗？我又何必与其他人格格不入呢？走一步算一步吧！"

凭着这个借口，我坦然地混过了大一，直到有一天，我昏昏沉沉地从网吧里出来，看到一个骑着自行车的女孩儿从我身边路过，我顿时眼前一亮，突然对自己习以为常的借口产生了自责。

女孩穿着一身宽松的运动装，尽管如此，也难掩她一阵风就能将其刮倒的瘦弱身躯。她右手扶着车把，左手拎着拐杖，而她的双腿以一种十分怪异的姿势扭曲着，甚至都不能完成一个标准的骑车动作，只能半圈半圈地蹬着自行车。她就这样旁若无人地从我身边骑了过去，却让丝毫没有引起她在意的我受到很大的震撼：“这样的身体竟然还在骑自行车？而且，她手里拎着拐杖，想必停下车以后，离开拐杖的扶持寸步难行！”

其实，这个女孩完全可以不必如此吃力地去骑车，而坦然地博取他人和社会的同情；她的人生完全可以不必如此艰难，而是可以变得更容易一些。但是她没有。对于女孩而言，残疾就是她索要安慰的最好借口啊，但她抛弃了所有借口，把自己最柔软的一面敞开，勇敢地去迎接人生的所有挑战。我的心骤然被揪紧了，一个如此不幸的残疾女孩，还在竭尽全力去做和正常人一样的事，而我一个四肢健全的人却在稀里糊涂地混日子？她让我无地自容。

在生活中，很多智力和身体都正常的年轻人，往往总是会费尽心思为自己找借口为自己开脱，根本“不想去做”。我们经常会听到各种各样的借口：“那个客户我应付不来。”“我现在准备下班了，明天再说吧。”“我明天有事情，完不成这个工作。”“我很忙，现在没空。”“我已经尽全力了，最后没做好不能怪我一个人。”“对手太强大了，我和他们进行了很长时间的竞争。”“我已经做了分外的事，难道还让我为我不该做的事负责？”“他中间出了差错，不是我不行。”等等，并以此作为自己不思进取的挡箭牌。我们以为有借口在，就能逃避困难、责任、批评，并且博取他人同情与安慰，从而让自己的内心坦然。但是，你要知道，这些借口其实是你给自己设置的绊脚石，它会扼杀一个人的创新精神。一个善于找借口的人更会逐渐变得心虚、懒惰，遇到困难就退缩。借口最终将会毁灭一个人的自制力，使其丧失自信、日趋堕落，最终以失败告终。

每一个优秀的人都是自己成就的自己。他们在面对困难，甚至是人生的大灾难时，总是能够坦然面对，努力进取。

成功者之所以会成功，是因为他们在遇到困难时，懂得积极寻找解决问题的方法，从而为日后的成功打下了良好的基础。相反，失败者之所以失败，就在于他们面对困难时，总是千方百计地找借口，以此推卸责任、掩饰弱点。这也正是优秀的人之所以优秀，失败者之所以失败的根本原因所在。

年轻人刚刚踏入社会，需要的就是负责、敬业、追求完美的执行力，当你一无所有时，你连面对苦难、认真解决问题的态度都没有，还如何能让人相信你的价值？

4

一切并没有变糟，自我安慰一下没什么不好

美国影片《肖申克的救赎》，我看过很多遍，没有一次是厌倦乏味的，尤其在我失落无助的时候，它总是能给我带给我无穷的力量，让我对生活怀抱希望与憧憬。

影片中主人公安迪是被冤枉入狱，在他看似平静的表面下，却藏着一颗不屈从的心。当别人都在抱怨自己是冤枉的，安迪从来都默不作声，悠闲地散步，然而他从来就没有放弃过获得自由的希望。即使身处监狱，他也在竭力按照自己的想法做事。为了扩大肖申克监狱的图书馆，他坚持给州议员写信，不间断地写，一直到州议员终于拨给了他一些微薄的东西来应对他。安迪仍然不满足于此，为了能够获得更大的帮助，他坚持继续写信，直到他

的要求被满足，他成功地扩建了肖申克监狱的图书馆。安迪还辅导监狱里的狱友学习，帮助他们获得高校的学位。

监狱长曾经警告过安迪“把你的信念交给圣经，把你的贱命交给我”，但是，这并没有让安迪放弃对自由的追求，安迪用小小的铁锤凿出一条逃离的洞，用几十年的时间完成了要六百年才能完成任务，成功地为自己铺好了一条自由之路。最终，他终于越狱成功，并且让监狱长受到了应该受到的惩罚。

无论身处的环境多么恶劣、前途多么渺茫，安迪都没有放弃对自由的向往和追求，更不愿意在被冤枉的罪名下浪费掉自己的生命，最终凭借自我安慰与鼓励，为自己在黑暗中点燃一盏长明灯，从而照亮了自己前行的道路。

一个人的成败，往往就取决于自己的信念。科学家曾经做过这样一个实验：他们往一个玻璃杯里放进一只跳蚤，发现跳蚤立即轻易地跳了出来。再重复几遍，结果还是一样。根据测试，跳蚤跳的高度一般可达它身体的400倍左右。接下来科学家再次把这只跳蚤放进杯子里，不过这次是立即在杯上加一个玻璃盖，这次，跳蚤重重地撞在玻璃盖上。但是它并没有停下来，因为跳蚤的生活方式就是“跳”。一次次被撞，跳蚤开始变得聪明起来了，它开始根据盖子的高度来调整自己跳的高度。几个小时以后，科学家发现这只跳蚤再也没有撞击到这个盖子，而是在盖子下面自由地跳动。一天后，科学家把这个盖子轻轻拿掉了，跳蚤还是维持在原来的这个高度继续地跳。一周以后发现，这只可怜的跳蚤还在这个玻璃杯里不停地跳着，其实它已经无法跳出这个玻璃杯了。

难道跳蚤真的不能跳出这个杯子吗？绝对不是，只是在经历几次失败后，跳蚤的心里已经承认了这个杯子的高度是自己无法逾越的，即它不相信自己能够跳出杯子。生活中，有许多人也在过着这样的“跳蚤人生”。年轻时意气风发，屡屡尝试，但是往往事与愿违，屡屡失败。几次失败以后，他们便开始抱怨这个世界的不公平，开始怀疑自己的能力。他们不是千方百计去找出失败的原因，而是一再降低成功的标准，即使原有的一切限制已取消。就像“玻璃盖”虽然被取掉，但他们早已经被撞怕了，或者已习惯了，不敢或懒于去挑战新的高度了。

所以，无论遭遇到什么样的境遇，只要我们坚定信念，相信自己，凭借着自己的顽强奋斗，就一定能够到达成功的彼岸。

对于那些没有信念，或者不坚持信念的人来说，他们只要一遇到困难或遭受几次失败就会打退堂鼓，怀疑自己的能力，这样的人只能平庸地过一生；而对于那些坚守自己信念的人来说，他们往往不容易被外界所诱惑，而他们的内心也会无比强大，很容易就能运用自己的意念来改变恶劣的现状，达到令人难以置信的圆满结局。

随着《哈利·波特》风靡全球，它的作者J.K.罗琳成了英国最富有的女人之一。但是，她也曾有过一段穷困落魄的时期，而她的成功恰恰在于她坚持自己的信念。

罗琳从小就热爱文学，热爱写作和讲故事，而且她从来没有放弃过。大学时，她主修法语。毕业后，她只身前往葡萄牙发展，随即和当地的一位记者坠入情网，并结婚。只可惜这段婚姻来去匆匆。婚后不久，丈夫的本来面目暴露无遗，他经常殴打她，并不顾她的哀求将她赶出家门。不久，罗琳便带着3个月大的女儿杰西卡回到了英国，栖身于爱丁堡一个没有暖气的小公寓里。丈夫离去，也没有工作，她居无定所，身无分文，再加上嗷嗷待哺的女儿，罗琳一下子变得穷困潦倒。她不得不靠救济金生活，经常是女儿吃饱了，她还饿着肚子。

然而，家庭和事业的失败并没有打消罗琳写作的积极性，用她自己的话说："或许是为了完成多年的梦想，或许是为了排遣心中的不快，也或许是为了每晚能把自己编的故事讲给女儿听。"她成天不停地写作，有时为了省钱省电，她甚至待在咖啡馆里写上一天。就这样，在女儿的啼哭声中，她的第一本《哈利·波特与魔法石》诞生了，并创造了出版界奇迹，她的作品被翻译成35种语言在115个国家和地区发行，引起了全世界的轰动。

罗琳的生活虽然很艰难，但她始终坚持自己的信念，并用她的智慧与执着赢得了巨大的成功。由此可见，这世上没有绝对的“不可能”，只要敢于拼搏，一切皆有可能。纵观历史上成就伟业的人，往往并非那些幸运之神的宠儿，而是那些将“我不能”从他们的字典以及脑海中连根拔去的人。

其实，无论我们遭遇怎样艰难的环境，生活远没有我们想象得那样糟糕。只要我们始终坚持自己的信念，给自己安慰与鼓励，我们就能克服重重困难，跨过种种阻碍，最终迈向光明和成功。

5

就算天塌下来，你也没必要慌乱

相传，在春秋时代，杞国有这样一个人，他总是担心有一天会突然天塌地陷，使得自己无处安身。他常常因此愁眉不展，心惊胆寒，甚至愁得睡不着觉，吃不下饭。杞人的一位朋友见他如此的忧虑，就跑来劝导他说：“天不过是积聚在一起的气体罢了，天地之间到处充满了这种气体，你一举一动、一呼一吸都与气体息息相通。你每天都生活在其中，根本没有必要担心天会塌下来！”那个杞国人听了，仍然心有余悸地问：“如果天是一些积聚的气体，那么，天上的太阳、月亮、星星，会不会掉下来呢？”朋友答道：“太阳、月亮、星星，也都只是一些会发光的气团而已，即使掉下来，也不会砸伤人的。”可是，杞人的忧虑并没有因为朋友的开导而结束，他接着问："天塌不下来，那土地会不会陷下去呢？一旦陷下去，又该怎么办呢？"朋友解释说："大地也不过是由无数土块石块组成的罢了。而这些泥土、石块随处可见，并且塞满了每一个角落。你完全可以在它上面尽情地奔跑、玩耍，你无须担心它会塌陷下去！"经过朋友这么一番耐心的开导，杞人终于恍然大悟，这才放心下来，从此以后便快快乐乐地过日子了。

相信很多人读了"杞人忧天"的故事后，都会觉得这个杞人的荒唐可笑。然而，在现实生活中，有很多如"杞人"一般的人，虽然不像杞人一样担心天塌地陷，但是有很多其他的忧虑。只是忧虑的程度不一样，有人不露声色，有人整天愁眉不展、唉声叹气，有人吃不香、睡不着，有人甚至忧虑过度、不堪重负去自杀。

诺贝尔医学奖得主亚力西斯·科瑞尔博士说："不知道怎么抗拒忧虑的人都会短命，谁不懂得抗拒忧虑的骚扰，谁就不会拥有快乐的人生，一位哲人曾经把忧虑形象地比喻为尾巴摇椅，它可以使你有事可做，但却毫无益处。"如果还在为那些没有必要的忧虑的事情而忧虑，此刻，就请你赶快终止吧！

曾有科学家对人的忧虑进行了科学的量化、统计、分析。结果发现，100%的忧虑是毫无必要的。统计发现，40%的忧虑是关于未来的事情；30%的忧虑是关于过去的事情；22%的忧虑来自微不足道的一些小事；4%的忧虑是我们改变不了的事实；还剩下4%的忧虑是那些我们正在做的事情。你要知道，在我们短暂的人生里，只有三天时间，那就是昨天、今天和明天。未来的事情还未发生，就不停地忧虑，反而会让事情变得更糟；过去的事情已经发生，还去忧虑它又有什么用呢，不但浪费时间，而且让自己在过去里沉沦、纠结；至于我们现在正做的事情，又有什么可忧虑的呢？既然，所有的事情都不用去忧虑，那我们又何必庸人自扰呢？

或许你会反驳道：人无远虑，必有近忧。这当然也没错。不过，远虑是无穷尽的，必须适可而止。有一些远虑，可以预见也可以预作筹划，不妨就预作筹划，以解除近忧；有一些远虑，可以预见却无法预作筹划，那就暂且搁下吧，车到山前自有路，何必让它提前成为近忧；还有一些远虑，完全不能预见，那就更不必总是怀着一种莫名之忧自我折磨了。总之，应该尽量少往自己的心里放置忧虑，以此保持轻松和阳光的心境。

当然，在现实生活中，我们有时确实会遭遇“天塌下来”一样的大事，或许你会说，这时候你可以尽情忧虑了吧！可是，智慧的先人早就教导我们：“一天的难处一天担当就够了。”与其杞人忧天，不如坦然面对。这样，你不但比较轻松，而且会轻而易举、不慌不乱地把这些难题解决。

在德国校园里，曾经发生过一桩血案。一个19岁的男孩，因为没能通过毕业考试而留级一年，紧接着，他又因为伪造医生的假条以逃避期末考试，被校方开除。为此，他满腔怒火，一心要报复学校。于是，在某日上午，他戴着恐怖的面具，一手握着一支手枪，一手拎着连发猎枪，闯进学校，见人就打，主要是瞄准老师，因为他觉得是他们让他蒙受了前所未有的羞辱。在20分钟的疯狂射击中，他打死17人，其中有13名老师，一名学校秘书、两名女学生和一名警察。而此时，他还有大量的子弹，足够把数百人送进坟墓。就在这万分危急的时刻，他的历史老师勇敢地走过来，抓住他的衬衣，试图同他说话。而他也认出了他的老师，并摘掉了自己的面具。那位历史老师叫着他的名字说："罗伯特，看着我的眼睛，如果你现在想向我射击，就请扣动你的扳机吧！"让人意想不到的是，这个杀人杀红了眼的男孩在盯着历史先生看了一会儿后，竟然缓缓地放下了手枪，说："先生，我今天已经足够了。"后来，那位历史老师把凶手推进了一间教室，猛地关上了门，并上了锁。没过不久，凶手在教室里饮弹自杀了。

那位历史老师在手无寸铁、千钧一发的时刻竟然挺身而出，运用自己自信的目光和几句简单的话，拯救了校园内的其他师生的生命。这让我很是震惊，如果换做是我在场，我可能会本能性地躲起来，即使要站出来，也会以决斗的方式冲出来拼个你死我活，绝不会想到以如此镇定的方式去解决问题。或许，是有感于历史老师曾经对他的关照，或许是历史老师自信的目光让他无地自容，或是历史老师的简单的话语唤醒了他仅存的良知，那位暴徒竟然终止了暴行而束自己了断。

在最危急的时刻，能够不慌不乱，保持极端的放松，这是一种难得的修养，绝非是一朝一夕就能修炼提升的。我们常说，某人胜就胜在心理上，或是说某人败就败在心理上。这其中的差距，不是指在理性上，而是在于心灵张弛的韧性上。

就算天塌下来，你也没必要为此慌乱，至少还有高个子的人在那撑着。你所要做的就是放下忧虑，保持极度的放松。当一个人能够放下忧虑，极度放松的时候，你的岁月和经验、勇气和智慧，都会聚集在你的内心，你的情绪就会变得淡定从容，你的勇气也会源源而来。或许，它不能保证你一定能够取得胜利，但是，至少你能竭尽全力去参与过程。

6

你遇事淡定了，别人的安慰将是多余的

我有一个家住偏僻山村的远房亲戚，是一个18岁姑娘，从小患过小儿麻痹症，必须依赖轮椅才能活动。去年，她的父亲带她来城里看病，我受父亲的嘱托去病房看她，和她聊天。离开时，她坚持要要送我。看着她自己向外推轮椅，我赶紧上前帮忙，但是，她立刻阻止了我。她说："不用不用，我自己一个人可以的。"她还告诉我，每当她遇到为她忧虑的人，她就会告诉他们，生活并没有你们所想的那么难，当你咬紧牙根，挺过一段艰难时期后，你就会发现，一切都是幸福快乐的。我本来还想安慰她几句，让她看开一些，相信一切都会好起来的。可我没想到的是，这个小姑娘的坚强乐观竟然超乎我的想象，她不仅能够坦然

面对自己的不幸遭遇，甚至还能感染她周围的人，这时，如果我再去安慰她，简直就是多余的。

对于那些惨遭意外事故的残障人而言，他们就像山脊上那些被狂风吹得扭曲的树木，经历了疾病、干旱和风暴的洗礼；而那些习惯享受舒适，没有经过什么灾难、痛苦或损失的人，就像长在山脚下被保护着成长的树。前者与后者相比，他们在生活面前，往往表现得更为强壮、更有活力。

一个遇事能淡然处之的人，无论他遭遇怎样的不幸和灾难，只要不是灭顶之灾，他都无需别人的安慰，凭借自己的坚韧和顽强，重新站起来，挑战新的生活。

在我上小学的时候，班里有个女同学，叫作慧，她自幼丧父，家境贫寒，每学期都被学校免交学杂费。她衣着破烂，总是穿哥哥姐姐剩下的衣服。一次，班里订校服，为了给家里节省开支，慧说她不订了，姐姐刚刚小学毕业，她穿姐姐的就可以。第二天，她便把家里姐姐穿剩下的校服交给老师，让老师看看行不行，老师应允后，随手就把她那件旧校服放在了一堆新校服当中。谁知，在发放校服时，毫不知情的班长竟然把那套旧校服发给了班里最骄横的一个女孩，名叫娇。

娇交了钱却领到旧校服，觉得十分委屈，而当时又是在课堂上，她也不好大发雷霆。下课铃声刚响，她便怒气冲冲地走到慧面前，一把扯住慧的衣领，大吼道："快把新校服还我，这是我的！你不交钱还想穿新校服，真不要脸！"周围的同学急忙上前拉开娇，这时，只见慧已是满眼泪花。慧一声未吭，把新校服叠得整整齐齐，还给它的主人，便一个人默默地走出教室。其实，慧早就发现校服发错了，正准备下课和班长说，谁知被娇抢在了前头，闹了这么一出。后来我问慧，她那样对你，你就不伤心吗？慧说，校服本来就是人家的，归还回去是应该的，就是娇太过急躁了。

后来，为了减轻家里负担，尽管慧的成绩一直很好，但她还是在没读完初中就出去打工了。在现今的社会里，如果没有意外的变故，接受良好的教育，从较低阶层进入较高阶层，是很有可能的，而慧早早就放弃了这种可能。她也不是具有国色天香的女孩，没有白马王子主动找上门来，所以，慧只能一直在贫困的底层挣扎。

这几年，我们这些小学同学都已安家立业，屡屡举行聚会。慧却很少参加，只说是忙。于是那个当年扯着她要校服的娇说，慧可能是混得不如人，不好意思见老同学了。后来，我从其他同学那打听到，慧现在一家汽配厂做女工，其他的就一无所知了。

一次同学聚会，慧终于来了。她告诉我，她所在的工厂破产了，她成了下岗女工。她的丈夫又因车祸失去双腿，儿子得了肝炎，休学在家调养。她兼职好几份工作，十分奔波辛苦。这次刚好到这边打工，于是，抽空过来看看这些老同学。我不知道该如何去安慰她，只是紧握着她的手，希望能带给她一些温暖。她的手极为干燥粗糙，可想而知，她这些年是怎么熬过来的。

半小时后，慧要走了，我代表大家出来送送她。我打了一辆车，送她去干活的地方，顺便想安慰她一下。在车上，本想多问问她的近况，可是，我又怕一不小心伤了她的自尊心。正在我斟酌为难时，她突然叫起来："你看！你快看！"窗外是建筑工地，尘土纷扬，杂草丛生。我不解地问："你要我看什么呢？"慧很开心地说："就是那一大片野花啊。每天我从这里路过的时候，我都要看看它们，向它们问好，期盼着它们早日开花呢！"我随即看去，可是当时车速过快，我还没来得及看清那些野花的模样和颜色，就已经过去了。但是，我看慧的那张憔悴的脸上绽放出花一样的神采。于是，我那颗久久悬起的心终于稳稳地落下了。

我不再纠结是否该问她任何具体的事情，因为我们彼此已是相知。人的一生，谁能预料到，我们会遇到多少艰涩？但是，慧在历经重重风雨之后，仍在寻找一片不知名的野花，并问候着它们。我知道，在她的心中，一定还贮备着充沛的爱和强大的力量，足以抵抗人生路上的风霜雨雪。

境由心生，命运掌握在自己的手中。以乐观积极的态度看待生活中的窘境，就一定能够战胜任何艰难险阻，最终走向成功。当环境无法改变时，不如改变眼光看它，适应它，然后从中受益。生活中太多的不可测因素，如果事事计较，情绪难免大喜大悲，起伏不定。生活中，有的人为了摆脱生活的困窘，放弃尊严，攀龙附凤；有的人为一职称，同事之间，明争暗斗，尔虞我诈；有的人为一荣誉，朋友之间，勾心斗角，唇齿相讥；有的为一蝇头微利，兄弟刀枪相向，亲人反目相斗。还有的人沽名钓誉、邀功请赏、诽谤诬陷、打击报复、欲置之死地而后快……世界如此险恶，最重要的一点就是要学会淡定地面对生活的窘境。

所谓“淡定”，就是在危难时不慌不乱，在兴奋时不会忘乎所以，悲伤时不会痛不欲生；就是在面对成功时不骄不躁，在面对失败时不悲不弃；就是在平凡的岁月中自得其乐，在山崩地裂时气定神闲。淡泊明志，宠辱不惊是人生应该达到的最高境界，是心灵在风雨历练中的升华。

把名利看穿，把成败看透，把荣辱看淡，凡事不必太过苛求。看淡些，看开些，我们的人生才会豁然开朗。如果你当真对成功有着强烈的渴望，那就更应该把名利金钱看得淡一些，更应该在困难面前沉着冷静，在窘境面前淡然自若。因为一个人的力量和潜能只有在把世俗之心全然放下的情况下才能得到极致的发挥，海纳百川的胸怀必能使你在人生的征程上乘风破浪越走越远。

生活的所有启示在于，让人能够看破生活的纷扰，活出一种淡定和从容，既有入世的温暖，又有出世的淡然，从而去化解生活中的那些患得患失。不管遭遇怎样的人生困境，经历多少起伏动荡，只要你遇事能保持淡定，别人的任何安慰都是多余的，因为你内心的强大足以应对一切艰难险阻。

/

CHAPTER

/

第六章

没有过不去的坎儿，与其等安慰不如自强

1

内心强大的人无需谁来安慰

一个周末的清晨，我在睡梦中被楼下的叫骂声惊醒。起来一看，在人群中间，一位穿着高贵的中年大婶正在与那位保安大叔争辩着什么，时而还带出一些侮辱人的脏话。我仔细听了一会儿，原来是那位大婶没有带出入证，保安大叔说什么也不让她出去。于是，那位大婶便破口大骂。保安大叔憋红了脸，礼貌地向她解释这是规定，但是，那位大婶却不屑一顾："你不过就是一个保安而已，给你点权力你还要登天不成？""这不是权力的问题，这是小区的规定的，您既然住在这个小区，就要按规定执行，况且我们这样做也是为了保证小区居民的安全，请您多谅解。"大叔继续解释道。大婶无理以对，最后说了句"傻X"，就径直返回了小区。看到保安大叔受到这样的侮辱，我在心里为他感到委屈。

到了下午，我忽然想起我有个邮件寄存在保安厅，于是，下楼去取。这时，我又看到一个年轻的小伙正指着那个保安大叔大骂着，面目狰狞。保安大叔则无助地叹着气向四周张望，凛冽的寒风下，穿着单薄制服的他瑟瑟发抖。原来，这次是因为取邮件的小伙没带身份证，保安大叔不让他拿走邮件。自网购兴盛以后，保安厅一直替小区居民代收快递，有些上班或是有事不在家的居民，经常会让快递员把快递存放在保安厅，与他轮岗的那位保安对于前去取件的居民从来都是不闻不问，幸好小区居民素质还算好，要不然邮件肯定会有丢失。而只要这位大叔在岗，他每次都要求拿身份证核实身份，他的本是怀着对小区居民负责的态度，结果却遭到无礼的谩骂，我打心眼里为他不值。

没有想到，由于保安大叔的认真负责，一天竟然承受两次这样的谩骂，但这只是我所知道的，一定还有我所不知道的无数次，从我结婚后入住这个小区时，他就一直站在这里，到现在足足四年了，不敢想象他这些年是怎么过来的。他的认真执着，让我感动，也让我心酸。那位小伙子骂完之后，我取完邮件，本打算上前安慰他一下。可这时，他的手机响了，他看了一下号码，委屈无辜的脸上立刻展现出温柔的微笑，他接起电话说：“媳妇……”“我很好，你还好吧？”“儿子最近成绩怎么样？”“妈妈最近按时吃药了吗？”……

从保安大叔的电话中，我猜想他一定有一个美满幸福的家庭，有自己的父母、爱人、孩子。为了家人，他才可以一个人这般坚忍地站过炎夏与寒冬，忍受接连不断的委屈与伤害。我知道他的内心也一定足够的强大，强大到无需别人的安慰。

对于内心足够强大的人而言，即使身处逆境，他的内心也是平和的、自信的，且是充满快乐的。因为他的世界不再只是世俗世界，他还有自己独有的完美的内心世界，在这个世界里，他有自己的幸福标准与快乐标准，在这个王国里，他享受着别人无法享受也无法理解的幸福与快乐。

生活需要强者，我们必须内心强大。只有内心强大，才能让我们清晰地看到自己的目标，然后无所畏惧地前行。一个人最难能可贵的，就是懂得自己的需要、看清自己的方向，这是内心强大的最有力的证据。当我们内心强大到可以战胜一切恐惧与悲观的时候，我们无需任何人的安慰。

黎刚是某礼品公司的业务员，他做事认真，也很勤快。他每天都要两手拎着样品四处跑业务，虽然在客户那里屡受白眼，而他也累得汗流浃背，但是，他始终保持礼貌地笑着。有时，为了拉拢客户，不胜酒力的他还要陪客户喝酒，经常喝得烂醉，回到家里甚至还要遭到老婆的责怪，他的老婆常常因为他醉酒而与他吵架。

在一次饭局上，黎刚被东北来的两个客户一个劲儿地灌酒，很快，他就连筷子都拿不稳了。而他还在殷勤地为大家倒酒、倒茶、递纸巾、叫服务员、开酒，强颜欢笑。那晚，不胜酒力的他醉得一塌糊涂。

饭局结束后，黎刚没有直接回家，而是打车去了他的朋友华子那。到了华子家里，他摇摇晃晃地走进卫生间，水龙头开得很大，他双手捧水用力地搓着脸，然后挺直腰杆，用纸巾把脸上的水擦干，咳了两下，深吸一口气，对华子笑了笑，问："还看得出来喝过酒吗？"华子说："还好吧！"然后，便扶他到客厅坐下。

华子知道，黎刚这样做是怕惹老婆生气，知道他只想在老婆眼中做一个可以信赖、可以依靠的男子汉，更知道他这些年的心酸与无奈，但华子什么也没说，只是为他端上点醒酒的水果，希望能尽快让他醒酒。凭借这么多年对黎刚的了解，华子确定，他此刻需要的只是一个能醒酒的地方，而不需要任何人的安慰，因为这些年的风风雨雨，早已把黎刚的心打磨得强大无比。

落在一个人一生中的风霜雨雪，我们不能全部看见。每个人都在自己的生命中孤独地行走。对于内心强大的人而言，他们往往能够为了某个人或某个目标而忍耐那些劈头盖脸的风霜雨雪，忍耐所有世事艰险，然后依旧坚持，依旧感恩，依旧奋斗。只有这样的人，才算是真正的成长与成熟。

在漫长的人生道路上，我们会常常受伤，伤痕累累。不过，据说只有一生都圈养在棉花圈的牲畜才不会受伤，但是，最终，它们难逃任人宰割的命运，因为它们的皮毛会被人类制成贵人的衣裘。我们一生都在向命运挑战，都在和困难厮杀，怎么可能不受伤？受伤并非耻辱，而是胜利后的勋章。内心强大的人也会受伤，只不过他们的自我修复的能力比较强，他们不需要任何人的安慰，就能够在更短的时间内重登战场。

贾拉尔·阿德丁·鲁米曾说过：“你生而有翼，为何竟愿一生匍匐前进，形如虫蚁？”

希望从此刻开始，我们能够自我强大，无需别人的安慰！

2

他人的安慰能减少你的痛苦，但无法让你强大起来

有祖孙两人，他们同时在沙漠里栽种胡杨树，待树苗成活以后，孙子每隔三天就要来给它浇水，而爷爷在树苗成活以后就来得很少，即使来了，也只是把被风刮倒的树苗扶一扶，不浇一点水。转眼几年过去了，祖孙俩栽种的胡杨树长得都很粗了。忽然有一天，刮起了沙尘暴，第二天风停后，孙子栽种的胡杨几乎全被风刮倒了，有的甚至连根拔起；而爷爷栽种的树只是被风吹折了一些树枝，吹掉了一些树叶。孙子为此很诧异，便询问爷爷是何原因，爷爷说："经常给树浇水施肥，它的根就往泥土深处扎。如果树栽活以后就不去理睬它，逼得它们不得不把自己的根一直扎到地底下的泉源中去。有这么深的根，这些树怎能轻易被

风刮倒？”

当我们遭遇困境时，不要过于依赖他人的帮助，或许他人的帮助确实能帮你度过难关，减轻痛苦，但是，过于依赖别人，无法让你变得强大起来。人的一生很长，别人可以帮助我们度过暂时的困苦，但是，在以后的路上，我们还会遇到更多、更大的困难，如果我们不学会自立、自强，就很难走到人生的终点。

此刻，如果你还在等待别人的帮助，如果你还在期望上帝赋予你“神奇力量”，那么，我诚恳地奉劝你，别再等待了，因为只有你，才能将身上的潜能发挥出来，也只有你，才能主宰自己的命运，让自己变得强大起来。

有个穷人在给农场主搬运东西时，不小心打破了一个价值连城的花瓶。农场主人看见后，要求他赔偿，但是，对于三餐都成问题的穷人而言，哪里赔得起这么昂贵的花瓶呢？走投无路之下，这个穷人只好到教堂，向神父请教解决问题的办法。神父告诉他：“听说有一种技术能将碎花瓶粘好，不如你去学习这种技术，只要你能将这个花瓶修补、复原，事情不就彻底解决了吗？”穷人听完后连连摇头，说：“世界上哪会有这么神奇的技术？能把一个碎花瓶粘得完好如初，这是根本不可能的事情。即使存在，哪是我这样的人能学得会的呢？”神父指引他说：“这种技术确实存在，如果你觉得自己学不会，不如去到教堂后面的石壁上去求教吧，上帝就待在那里，只要你对着石壁大声说话，上帝便能告诉你解决问题的方法。”于是，穷人来到石壁前，大声对着石壁说：“上帝，请您帮帮我这个可怜之人吧，只要您愿意帮助我，我相信，一定能将花瓶粘好！”他的话一说完，上帝便立即回应他：“一定能将花瓶粘好！”穷人听见了上帝的承诺，喜出望外，上帝相信我能将花瓶粘好，那我就一定能够做到。穷人充满自信地向神父辞别，朝着“复原花瓶”的高超技术迈进。

经过一年的认真学习与不懈努力，穷人终于学会了粘贴碎花瓶的技术。最终，他将农场主人的花瓶复原得天衣无缝，令人赞叹！

在穷人将花瓶送还给农场主人后，再次来到教堂向上帝道谢，感谢他给予的协助与祝福。神父将他再次带到教堂后面的石壁前，笑着对诚恳的穷人说：“其实，你不需要感谢上帝。”工人不解地看着神父：“那怎么可以？如果不是上帝，我根本就学不会修补花瓶的技术啊！”神父接着说：“你真正要感谢的人，应该是你自己！因为，上帝根本不在这里，这块石壁具有回音的功能，你当时听到的是你自己的声音！而你，就是你自己的上帝！”

我们每个人都是自己的上帝，主宰自身命运的是我们自己。只要我们始终怀着必胜的信念，将自己的潜能发挥出来，我们的愿望是可以实现的，若只知道等待别人的帮助，期待天上掉馅饼，那样永远也不会有成功的一天。

冯仑说："伟大都是熬出来的。"为什么要用熬呢？因为普通人承受不了的委屈你要承受，普通人需要的安慰鼓励你没有；普通人用消极指责来发泄情绪，但你必须看到爱和光，在任何事情上学会自我解嘲；普通人需要一副肩膀在脆弱的时候来依靠一下，而你却要成为别人依靠的肩膀。

因此，不要总是幻想生活的一帆风顺，人生的四季不可能只有春天，不经历寒冷的冬天怎能感受到春天的温暖。每个人的一生都注定要经历千辛万苦，品尝生活的苦涩与无奈。痛苦乃是人生必须经历的一课。在漫长的人生旅途中，苦难并没有我们想象的那般可怕，遇到挫折时也无须黯然忧伤。只要你的内心足够强大，你无需任何人的安慰，而你的人生也会因此明朗起来。

3

永远拥抱自信，逐步减少对安慰的需求

在春秋战国时期，有一位骁勇善战、战功赫赫的大将军，但是，他的儿子却胆小懦弱，因此只是一个马前卒。有一次，在出征前，父亲庄严地托起一个里面插着一支箭的箭囊，并郑重地对儿子说："这是我们的家袭宝箭，你将它佩带在身边，会为你增添无穷的力量，但是，切记，千万不可将它抽出来用。"儿子因此喜上眉梢，信心倍增。果然，佩带宝箭的儿子在战场上英勇非凡，所向披靡。当鸣金收兵的号角吹响时，儿子再也按捺不住得胜的豪气，强烈的欲望驱使着他一下子就拔出了宝箭，试图看个究竟。骤然间，他惊呆了，原来箭囊里放着的竟然是一支折断的箭！儿子顿时明白了一切，吓出了一身冷汗，顷刻间失去了精神

支柱。最终，儿子惨死于乱军之中。拂开蒙蒙硝烟，父亲捡起那支断箭，沉重地叹了一口气："不相信自己的人，永远成不了将军。"

在每个人的心里，都存在一个信念。我们绝不能轻易把它拔出来，如果连自己都不认为自己是一支箭，自己都不相信自己的意志，那么，你又如何让它变得锋利，让它百步穿杨、百发百中？

在现实生活中，很多年轻人在给自己定位或者确定方向的时候，难免会过于依赖外界的种种影响，其中包括父母长辈的期望。在这种情况之下，一个人就很容易受外在事物的影响，不遵从自身的独特性的指引，而走上一条受他人影响、甚至由别人指定的道路。这对于任何人而言都是一生的悲哀。任何时候，你都要记住，你不能总是依赖别人的安慰，真正能拯救你的只能是自己。一个缺乏自信的人只要对自己充满信心，就能逐渐减少对安慰的需求，从而走向成功。

在2001年5月20日，美国的一位推销员乔治·赫伯特把一把斧子成功地推销给了小布什总统。为此，布鲁金斯学会把一个刻有"最伟大的推销员"的金靴子授予了他。在1975年，布鲁金斯学会的一名学员曾成功地把一部微型录音机卖给尼克松，时隔26年之后，该学会又有一名学员迈过如此高的门槛。

布鲁金斯学会创建于1927年，以培养世界上最杰出的推销员著称于世。在该学会有一个传统：在每期学员毕业时，都会设计一道实习题让学生去完成，以此考验推销员的实力。在克林顿当政期间，布鲁金斯学会出的实习题目是：请把一条三角裤推销给现任总统。八年间，先后有无数个学员为此绞尽脑汁，最后都无功而返。克林顿卸任后，布鲁金斯学会便把题目改成：请将一把斧子推销给小布什总统。

鉴于之前的失败与教训，许多学员都知难而退。在他们看来，这道毕业实习题和克林顿当政时的毕业实习题一样难办，因为，对于现在的总统而言，他什么都不缺，即使缺什么，也用不着他本人亲自购买；再退一步说，即使他亲自购买，也不一定会正好赶上你去推销的时候。

这样一道看似无解的难题，却被乔治·赫伯特解决了，并且没有花多少时间。事情的原委是这样的：乔治·赫伯特通过调查发现，小布什总统在得克萨斯州有一座农场，那里长着许多树。于是，他给小布什总统写了一封信。信中说：有一次我有幸参观您的农场，看见那里长着许多矢菊树，可惜的是，有些已经死掉，木质已变得松软。我想，您一定需要一把小斧头，但是从您现在的体质来看，这种小斧头显然太轻，因此，您仍然需要一把不甚锋利的老斧头。恰好我这儿正好有一把这样的斧头，是我祖父留给我的，很适合砍伐枯树。倘若您对此感兴趣，请按这封信所留的信箱，给予回复……最后，小布什总统真的就给他汇来了15美元。

乔治·赫伯特推销成功后，布鲁金斯学会在表彰他的时候，说：金靴子奖已设置了26年，26年间，布鲁金斯学会培养了数以万计的推销员，造就了数以百计的百万富翁，但是，这只金靴子之所以没有授予他们，是因为我们一直想寻找这样一个人，这个人从不会因有人说某一目标无法实现而放弃，从不会因某件事情难以办到而失去自信。

自乔治·赫伯特的推销故事在世界各大网站公布后，各地网友纷纷搜索布鲁金斯学会的网站，他们在该学会的网页上发现这样一句格言：不是因为有些事情难以完成，我们才失去自信；而是因为失去自信，有些事情才难以完成。

在人生的道路上，往往会有太多的坎坷与困苦，这些因素都可能成为你成长途中的绊脚石。如果你想剔除这些绊脚石，那就需要自信引领你成长。成功学的创始人拿破仑·希尔说："自信，是人类运用和驾驭宇宙无穷大智的唯一管道，是所有'奇迹'的根基，是所有科学法则无法分析的玄妙神迹的发源地。"奥里森·马登也说："如果我们分析一下那些卓越人物的人格特质，就会看到他们有一个共同的特点：在开始做事前，他们总是充分相信自己的能力，排除一切艰难险阻，直到胜利！”自信的确可以把人从困境中解救出来，可以使人在黑暗中看到成功的光芒，可以赋予人奋斗的动力。

所以，不管我们正在经历什么，都要保护好自己的心。我们要相信，只要不去依赖别人，只要我们信心尚在，天就不会塌下来。只要坚持下去，我们的内心就会爆发出无穷的力量，就会让我们变得更加强大起来。

4

找到自己的精神支点，自己需要的安慰自己把握

“人的灵魂来自一个完美的家园，那里没有我们这个世界上任何的污秽和丑陋，只有纯净和美丽。灵魂离开了家园，来到这个世界，漂泊了很久，寄居在一个躯壳里面，它忘记了自己是从哪里来的，也忘记了家乡的一切。但每当它看到、听到或感受到这世界上一切美好的事物时，它就会不由自主地感动，它就觉得非常舒畅和亲切——它知道那些美好的东西来自它的故园，那似曾相识的纯净和美好唤醒了它的记忆。于是它的一生都在极力地追寻着那种回忆的感觉，不断地朝自己的故乡跋涉。人的生命历程就是灵魂寻找它的美丽故乡的归途。”柏拉图如是说。海德格尔也认为：“人在现实中总是痛苦的，他必须寻找自己的家园。当

人们通过对时间、历史、自然和生命的思索明白了家之所在时，他便获得了自由，变成‘诗性的存在’。”

柏拉图和海德格尔所谓的“家园”，即指人类灵魂的栖居之地，也就是我们常说的精神支点。不管我们身在何处，拥有怎样的地位，我们依然会倍感疲惫与孤独，仍然需要为自己找到精神支点。在生命的绵长历程中，我们总是行色匆匆，唯有让心灵得到慰藉，让灵魂得以栖居，我们才能真正感受到物我两忘的轻松与惬意。

皇帝提供了非常优厚的一份奖金，希望有人能画出最平静的画，以便自己在心情烦躁时能拿来缓解情绪。许多画家都来尝试。皇帝看完所有的画，只有两幅他最喜欢。一幅画是一个平静的湖，湖面如镜，倒映出周围的群山，上面点缀着如絮的白云。大凡看到此画的人都同意这是描绘平静的最佳图画。另一幅画也有山，但都是崎岖和光秃的山，上面是愤怒的天空，下着大雨，雷电交加。山边翻腾着一道涌起泡沫的瀑布，看来一点都不平静。但当皇帝靠近一看时，他看见瀑布后面有一个小树丛，其中有一母鸟筑成的巢。在那里，在怒奔的水流中间，母鸟坐在它的巢里——完全地平静。皇帝选择了后者，奖金给了画这幅画的画家。

平静并不等于完全没有困难和辛劳，而是在那一切的纷乱中间，为自己寻找一个精神支点，让心灵得到慰藉，让灵魂得以栖居。这便是这幅画带给我的启示，相信也是这位皇帝选择这幅画的原因所在。

真正的勇者，可以被毁灭，可以忍受命运毒箭的暴虐和无助的孤寂，但无法容忍心灵的贫瘠和灵魂的孤独。当他们一直守望的精神家园因遭受喧哗与躁动的毁灭性蹂躏而失去支点的时候，他们甚至会选择以身殉道，用自己的肉身捍卫家的纯粹。亦如茨威格，他说：“我的精神上的故乡已毁灭，我再也没有地方可以从头开始我的生活了。”然后，他端起酒杯，微笑地与妻子对视，以苏格拉底式的从容，静静地死去。

但是，在今天，面对着钢筋水泥打造的摩天大楼，面对着熙来攘去的滚滚人流，在飞速穿过的车流面前，我们更多的是迷失，迷失在红绿灯闪烁的十字路口，更迷失在人生的岔路口。这时，有的人会试图从别人那获取安全感，但是，短暂的慰藉之后，你仍然会不知该往哪走，该去向何方。也有的人会选择继续迷失下去，最终越走越远，以至于最终连回家的路都找不到了。其实，真正能够拯救你的只有自己。当你为自己找到精神支点的时候，你的内心就会变得无比强大，强大到足以抵御外界的伤害、生活的辛劳及灵魂的孤独。

一个男孩，大学毕业后就孤身一人来到北京奋斗，只为将来有一天能实现自己的作家梦，出一本自己写的书。

在北京，他举目无亲，生活条件极为艰苦，每天上下班用四个小时在路上，住着隔断的合租间，吃不上一顿热乎饭。家人心疼他，就为他在家乡买了房子，在银行找了一份工作，要他回去。家乡空气好，父母在身边，银行工资高，对象也好找……他历数回家的好处，再看看自己现在的处境，有些动摇。但是，他转念一想："北京，有我的梦想，如果这样就退缩了，我不甘心。"于是，男孩又继续留在北京奋斗。

这期间，他曾做过一些跟梦想无关的工作，只是为了当时能生存下去。但是，当他有了一些生活费，他又回到自己该走的路上。

当他从那家外企辞职的时候，他对主管说他要去写作，出版自己的书。那个主管冷冷地笑了一下。当时，他心里很难过，但转身离开了。只有他自己清楚地知道，那绝不是挂在嘴上的东西，它是他敢为之拼命的东西。

两年后，他真的出版了自己的第一本书。接下来，他又顺理成章地出了第二本、第三本……就这样写着写着，他竟然被越来越多的人所熟知、所喜爱。至今回想起来，那种对梦想的执着，以及内心坚强的感觉，是他至今引以为傲的回忆。同时，也让他懂得如何在生活的每一个角落搜寻属于自己的快乐与喜悦，让它们不受人生起伏的影响并保持下去。

我们每一个人都应该学会自我安慰，在内心的深处建立一个精神支点，它可以是一个梦想、一个人、一段回忆，甚至可以是一件物品，只要能够支撑着你每天都活在奋斗、平和与快乐之中，让你的心灵得到安慰，灵魂得以栖居。

在每个人的内心深处，都需要有这样一个坚不可摧的地方，让你所有的快乐和幸福都来源于你心中这个坚强的支撑，它不会随时光消逝，也不会被任何人带走。

5

相信自己的潜力无限，等安慰还不如悄悄地去干

有这样一则寓言：

在偏远地区，有两个和尚，其中一个贫穷，一个富裕。

有一天，穷和尚对富和尚说："我想到南海去，您看怎么样？"

富和尚说："这么多年来，我一直在等一个好的机会，能租条船沿着长江而下，可是，直到现在还没能做到呢，你凭什么去呢？"

穷和尚说："就凭借我相信自己，只要我有一个水瓶、一个饭钵就足够了！"

第二年，穷和尚从南海归来，把去过南海的事告诉富和尚，富和尚深感惭愧。

在我的身边，经常会有像那位“富和尚”一样的年轻人，他们总是抱怨命运对他们不公，不能让他们遇到一个好机遇，或是一位能提拔他们成长的贵人，以至于让自己沦落到如此悲催的境地。

可是，我想说的是，你与其在那抱着侥幸心理坐等安慰，不如自己悄悄去干。天上掉馅饼的事可能会存在，但是，即使掉下来，砸中你的几率也微乎其微。生命短暂，你没有更多的时间等待被人发现。在有生之年，尤其是在最有创造力的青年时代，我们必须发掘自己的潜力，不要等待别人，你只能依靠自己、拯救自己、释放自己。只要你相信你自己的潜能无限，它就会像原子反应堆里的原子反应那样爆发出来，你就一定会有所作为，创造人生的奇迹。

早在1947年，有一次，美孚石油公司当时的董事长贝里奇到世界各地巡视工作。在开普敦一家公司的卫生间，他看到一位小伙子跪在地板上擦拭水渍，每擦完一块地板，就虔诚地磕个头。贝里奇感到很奇怪，就问他为什么。小伙子说，他在感谢一位贵人，因为这位贵人让自己找到了工作，让自己有饭吃。

听完之后，贝里奇微笑着说：“真巧，我也遇到了一位贵人，他让我成为了美孚石油公司的董事长，你愿意见见他吗？”小伙子一听感到很高兴，他非常乐意去拜访这位贵人。

于是，贝里奇告诉他，贵人住在南非有名的大温特胡克山，他专门为世界各地的人指点迷津，凡是遇到他的人都能拥有灿烂的前程。自己就是因为20年前在那座山上遇到了他，才能拥有今天的地位。而且，假如小伙子愿意前往，自己可以帮他请1个月的假。

就这样，年轻的小伙子怀着无比激动的心情出发了。这1个月里，为了表示自己的虔诚，他风餐露宿，披荆斩棘，历尽千辛万苦，徒步登上了那座覆满了冰雪的大山。可是，在山顶仔仔细细寻觅了个遍，除了自己，他没看到任何人的踪迹。

失望地回到开普敦之后，他找到贝里奇，沮丧地说：“董事长，我发誓自己认真找了，可是在山顶根本没有找到什么贵人，白雪上只有我自己的脚印。”

贝里奇依然微笑着说：“没错，除了你自己，根本没什么贵人。”小伙子若有所思地道谢告辞了。

20年后，这位名叫贾姆纳的小伙子，成为美孚石油公司开普敦分公司的总经理。当他讲起自己的经历时，喜欢说这样一句话："你发现自己的那天，就是遇到贵人的时候。"

的确是这样，与其在那坐等安慰，不如自己悄悄去干。因为只有你自己，才能发现自身蕴藏着的无穷潜力；只有你自己，才能让这些潜能迸发出来。

有这样一组数据统计：一个人的正常大脑记忆容量相当于一部电脑存储存量的120万倍；世界上记忆最好的人，其大脑功能使用率不足1%；一个人只需发挥不到50%的潜能，学会40种语言将易如反掌。你的人生并不是缺乏创意，而是你的大脑还在沉睡。潜意识的力量究竟有多强大？80岁的中风老者可以用拐杖击退正在攻击他孙女儿的歹徒，一个怕狗的母亲能击退一只威胁她儿子的恶犬，这都是潜能的力量。

一个人的潜能开发程度决定一个人的命运如何。正如哈佛大学第23任校长科南特提到哈佛大学的理念时所说的那样：对哈佛大学来说，重要的不是出了7位总统和30多位诺贝尔奖获得者，而是让进哈佛的每一颗金子都发光。

不论你的潜能将在多长的时间内出现，从现在开始多给自己一点刺激，多一点信心和勇气、多一分胆略和毅力，使自己身上处于休眠状态的潜能发挥出来。不要总是埋怨社会埋没人才，很多时候由于我们自卑、缺乏信心才造成了自我的埋没。探测你的潜能矿脉，探测隐藏的自我可能，这将会给你的人生带来巨大的财富。

每个人身上都蕴藏着巨大的潜能，每个人的命运都蕴藏在自己的胸膛里。只有善于发现自己的人，才能走出命运的迷宫，找到真正的宝藏。

6

别让内心软弱的一面发酵

有一只居住在北方的乌鸦，因其叫声难听，当地的人都认为它是不祥之物，因此都很嫌弃他。于是，乌鸦决定南迁。在向南迁徙的途中，乌鸦遇到一只鸽子。鸽子问乌鸦要去哪里，乌鸦气愤地说："这个地方的人都嫌弃我，说我不吉利，我要远离他们，到南方去，或许会给我带来好运。"鸽子说："万一到了南方，还是有人嫌弃你的声音，你该怎么办呢？到那时，你还准备逃到哪里去？"乌鸦听完后沉默不语。鸽子接着说："如果你不想办法改变自己的声音，总是一味地怨天尤人，无论你走到哪里，都不会有人喜欢你。"乌鸦羞愧难当，却没有听从鸽子的忠告，所以，无论它走到哪里，一直都被嫌弃。

在我们的生活中，像乌鸦一样软弱的人有很多，他们总是在怨天尤人，却从不反思自身的问题。软弱就像面团，它不会随着时间的推移而变得坚硬起来，反而会逐渐发酵，越变越软。所以，遇到问题，我们不要像乌鸦一样，就知道一味地逃避妥协。在实际生活中，有太多的考验、太多的坎坷需要我们咬紧牙关去忍耐，如果我们一再地放松对自己的要求，怎么能走到心想事成的明天？

在这个残酷的世界，过于怜惜自己，见月伤心、迎风流泪的娇娃，很难生存和立足。要想离成功和幸福就更近一些，必须摆脱软弱，对自己痛下决心，对自己狠一点儿，将自己置于背水一战的境地。

世界顶级的推销员与培训大师汤姆·霍普金斯曾告诉他的学员们说："成功有三个最重要的秘诀，第一个就是下定决心；第二个还是下定决心；第三个当然还是下定决心。"这是霍普金斯之所以成功的经验之谈，因为就在他刚刚进入推销行业的时候，他常常因为害怕敲别人家门或跟陌生人谈论产品时被拒绝，故而业绩一直无法实现突破。直到有一天，他上了一个课程，在课堂上老师告诉他："下一次还有一个课程非常棒，那个课程可以帮助我们激发所有的潜能，让自己能够成为顶尖人物。"霍普金斯说："我很想听听下个课程，但我没有钱，等我存够了钱再上吧！”这时候，老师却对他说：“你到底是想成功，还是一定要成功？”他回答说：“我一定要成功。”老师又问：“假如你一定要成功的话，请问你会怎么处理这件事情？”于是，霍普金斯回答：“我会立刻借钱来上课。”这时，霍普金斯才发现了自己一直业绩平平的原因，是自己太过软弱，从来没有真正地下过决心。于是，在下一次推销之前，他从公司里找了一位同事并带他下楼，他对同事说：“你看着，如果我无法向对面那个陌生人推销产品的话，我走过马路来就被车撞死。”他说完这句话的时候，脑海里一片空白，根本不知道他即将如何推销。但他还是硬着头皮走过去，开始与陌生人交谈，他使出了浑身解数向那位陌生人推销产品，经过20分钟的苦口婆心之后，不可思议的事情终于发生了：他终于卖出了产品！后来，霍普金斯在分析他的人生是如何改变的时候，他发现答案只有四个字，那就是“下定决心”。

就在霍普金斯下定决心的那一刻，一切就已经开始改变了。因为只有狠得下心一定要成功的人才会明确目标，不达目的绝不罢休。正是这种精神能够使一个人将难以完成的事情变成现实。

狠下决心是一种运用能力的过程，是一个人综合素质的折射。一个人能否成功，很大程度上就取决于自己的决心。抓住机遇，下定决心，离成功也就不远；优柔寡断，踌躇不决，则会错过良机，与成功失之交臂。

有人曾经对许多失败者和成功者分别进行分析，发现他们在做事过程中，因太过软弱而失败的人占很大比例。而相当一部分成功者，其最优秀的品格之一，就是遇事果断坚决，敢于下决心，最终把握住了机遇，从而获得了成功。

弗洛伊德认为，人生来就有“做伟人”的欲望。人为成功而来，也为成功而活，但“想成功”与“要成功”却是有着天壤之别的。所以，我们在生活中会看到很多人都在说“我很想成功！”但却没有看到他们真正地下决心，要么迟迟不动，要么行动不坚决、不彻底、不持久，一遇挫折，立即为自己找个“本来就是想想而已”的借口，下台了事。要知道，成功并非喊叫出来的，也不是写出来的，成功是你下决心，勇敢地做出来的！

现实就是如此，它不会因为你的软弱就放过你，你种下什么样的因，最终就会得到什么样的果。既然如此，你不如告别软弱，迎难而上，你就一定能够收获你想要的成功。最终能解救我们的，还是要靠我们自己去努力。

7

用强大的信念去鞭策自己的行动

夏洛特·吉尔曼在他的《一块绊脚石》中讲述了这样一个故事：一个登山的行者在登山的过程中，一块巨大的石头挡住了他的去路。他为此悲观失望，虔诚地祈求这块巨石能赶快离开，但无济于事。于是，他愤怒了，大声咒骂，他甚至跪下祈求它让路，但是，它仍旧纹丝不动。行者无助地坐在这块石头前，突然间，他鼓起了勇气开始行动，最终解决了困难。用他自己的话说："我摘下帽子，拿起我的手杖，卸下我沉重的负担，我径直向着那可恶的石头冲过去，不经意间，我就翻了过去，好像它根本不存在一样。如果我们下定决心，直面困难，而不是畏缩不前，那么，大部分的困难就根本不算什么困难。"

苏格拉底曾经说过：“要使世界动，一定要自己先动。”当你身处困境，想要改变环境的时候，你唯一的办法就是用强大的信念去鞭策自己行动。如果行动了，你还是改变不了环境，至少你还能改变自己！人生最郁闷的事，不是你落入了一个不动的环境，而是多年以后，环境都变了，你却还在原地踏步！

在实际生活中，经常有人抱怨自己跌入了很烂的环境：家庭出身不够好，学校建设不够美，老师不够为人师表，同事智商太低下，领导太苛刻……面对这样的年轻人，我真不知该说些什么好，我不知道应该把你放到哪里，你才能对自己的未来有信心。

一个真正想在困境中崛起的人，根本没心情在那儿哭哭啼啼，也没心思问来问去，自己究竟该怎么办，该怎么走出第一步。我们的生活里之所以会充满对生活的抱怨和吐槽，都是因为我们的生活里没什么大事儿。倘若有大事等着我们去解决，怎么会有那闲工夫抱怨呢？所以，每当自己心有不满的时候，那你不妨先问问自己，是不是又闲得没事干了。

姗姗是从很一般的大学毕业的，虽然现在的她并不认为她的大学不够好，但大一入学时，她确实不太满意自己的学校。在她报到后的十天内，她就明白了这样一件事：要想证明高考是个失误，要想证明自己不该是这种学校的学生，那就要靠自己努力学习，一根筋地学习，不光要有勤奋，还要有灵气，不光要有吃苦精神，还要有眼光。于是，姗姗就像被逼入了绝境，脑子里根本没闲工夫跟别的同学一样去抱怨，去难过，去旷课，或者干脆去谈恋爱。因为姗姗擅长写作，也很喜欢文学，她便开始继续努力学习中文。尽管姗姗的水平并没有北大、清华的同学那么好，但她一直在努力向他们靠近。他们考什么，姗姗就考什么，至于他们学什么，姗姗并不知道，她就从图书馆借来大量有关的文学方面的教材和书籍，并逐一去阅读。最终，在毕业后，姗姗就是凭借自己丰厚的文学写作功底，很顺利地找到了一份很好的工作。

就因为姗姗的文学功底好，所以，她毫不费力地找了一个好工作。其实，只要你肯努力，肯下工夫，每天变好一点点，尽管你未来可能还是什么都没有，但是哪怕有一丁点优势，你就不会饿死人，这世上最不会贬值的投资，就是为自己所付出的努力。

有一些年轻人深知这个道理，可是，他们无法判断自己所选择的努力的方向是否正确，害怕自己付出了努力，最终却一片黑暗。其实，未来无需判断，未来只能用来打造。这世上很多事情，比如瞄准目标、确定梦想，就好像谈恋爱一样，当你认准一个人的时候，浑身都是力量；当你觉得这个人还可以，没那么坏也没那么好时，才会以无所谓怎样都可以的态度去交往。没人能预料自己的未来会怎样，这世上也并不是付出了就一定能收获梦想，但只要用功一天，你的人生最起码就会好过昨天，即便最终并没有预想得那么好，那也好过什么都没开始做的最初时光。

还有这样一些年轻人，自己明明喜欢某一专业或某一工作，但是，因为种种原因，现在所选择的却是其他的专业或工作，于是，他们便陷入了迷茫，四处询问自己该怎么办才好。其实，大部分人问这种问题的人，并不是想要知道应该怎么办？而是想知道走捷径的方法。如何能每天不需要学习就能考高分，如何能每天吃喝玩乐又能阅读文学名著？如何能每天上午十点起床，晚上十点睡觉，还能上班没压力、月月拿高薪？如何能每天下班后吃饭看电视娱乐都不落下，还能有时间学新东西？这世上没有什么学习方法是给每个人的通用，最好的学习方法，就是经过自己不断尝试与碰壁后，摸索出属于自己的方法；这世上也没有多余的时间给谁，无非是抓紧时间和早睡早起。不要再总说你学不会这个，学不会那个的，试问，你真的用脑子学习过吗？如果学不会就抽你一鞭子，或读一本文学名著就给你一万块钱，那样，你还能背不会吗？所以，别再抱怨任何事情了！如果你真的不喜欢你现在的环境，就必须下定决心去行动，去努力！

或许，你现在的日子依然过得很荒废，但日子过成这样，终归还是你自己的错。“不是环境不好，不是别人不对，是你自己没有争取，是你自己没有跑……”你这样告诫自己，不是用来逼你跑，而是用来随时提醒你自己：如果不满意，请马上行动！立刻，马上，走到你想要到的地方去！

CHAPTER

第七章

逆境是通向成熟的一条道路

1

逆境是通向成熟的一条道路

记得小时候，我在和小伙伴玩耍的时候，意外地发现了一只蝴蝶的茧。于是，我好奇地将其装进瓶子里并带回家，希望能看到它破茧成蝶的美丽瞬间。可是，几天过去了，这个茧似乎没有任何活动或生命的迹象，我开始有些失望了。突然有一天，茧的一端裂开了一个很小的口。于是，我坐在地上仔细观察。几个小时过去了，蝴蝶始终在那个小洞里向外挣扎。我有些迫不及待了，心里琢磨着该怎么帮助一下这个可怜的小生命早日脱身。不一会儿，茧中的生命好像完全停止了挣扎，看上去它好像已经用尽全力，再也不能更进一步了。我灵机一动，找了把剪刀，把茧剪开了一个很大的洞。蝴蝶很快就从茧中钻了出来，它的身体臃肿肥大，翅膀也萎缩无力、黯淡无光。我等了很久，蝴蝶始终都没有飞起来。无奈之下，我便去求教妈妈，妈妈告诉我，茧的束缚与蝴蝶的挣扎是必要的。在蝴蝶从小孔挣扎出来的过程中，力量从身体里挤出，进入翅膀。只有这样，在从茧中获得自由后，蝴蝶才能展翅飞翔。由于我的无知与急躁，这只蝴蝶终生都无法飞翔了，这令我懊悔不已。

其实，我们每个人都是一只蝴蝶，都需要经过蛹化成蝶的痛苦后，才能真正的成熟起来。造物主是仁慈和智慧的，他让我们每一个人拥有成长的机会，同时，他也不会让任何人轻而易举地获得成长。

人生就是一个从稚嫩走向成熟的过程。在这个过程中，你难免会跌倒在地，你会经历各种创伤，你或许已经伤痕累累，但是你要相信，只有从逆境中走过来的人，才能真正变得成熟起来。

我相信，每个人从小到大，都或多或少经历过一些让我们感到痛苦的事。但是，每当你经历过一次挫折或是创伤，除了痛苦本身以外，你还能得到经验、得到感悟，这样一来，你就不会在同一个地方再次摔跟头了。这就是一种成熟。

尤其是当你告别父母、走出学校，进入社会中，你往往会遇到各种大大小小的挫折，你会发现，这个社会并非想象中的那么简单与美好！而且，当你遇到挫折、遭受创伤时，根本就没有人理会你的委屈，也没有人会关心你的无奈。所有的委屈与无奈，你只能自己想办法去接受、去解决。

佳佳毕业于某三本院校的平面设计专业。在大学期间，她时刻提醒自己要努力学习，因为自己没有名牌大学做后盾，那就只能在专业知识上强化自己的能力。为了强化自己的专业技能，她每天早出晚归，课余时间都泡在图书馆里学习一些与平面设计相关的课外知识。功夫不负有心人，大四实习期间，她被一家知名玻璃制品贸易公司破格录用了。

然而，在佳佳满心欢喜地入职报到那天，她发现老板对她很冷淡。原来，老板看她是个三本毕业的，觉得她不会有什么作为，尽管人力部门经理一再告知老板说佳佳在面试过程中表现尤为突出，所以才破格录用，但老板还是不相信一个三本院校毕业的学生能有什么突出技能。

在佳佳入职的几天后，一家澳大利亚公司的贸易代表来公司考察。两家公司事先有一笔数百万元的玻璃水杯出口订单，但没有最后拍板，因为水杯上没有任何装饰色彩和图案。于是，老板尝试性地把设计任务交给了佳佳，想着如果她做不好，就让她走人。

佳佳接到这个任务，感觉似乎有千斤重担压着自己一般。但佳佳有股不服输的劲儿，什么事都不愿落在人后，既然要做就一定要做好。于是，她立即开始做准备工作。佳佳先到营销部找销售员了解什么样的杯子好销，这个单是如何签到的，然后到开发部看师傅们如何设计，最后又下车间看每一道生产工序，看工人是如何生产的。就这样一天过去了，她对于杯子的设计方案还仍是毫无进展。下班回家后，她依然沉浸在这档子事里，她上网查看各种杯子的生产历史、造型、图案。渐渐地，她感觉自己仿佛生活在了杯子的世界里，就连在晚上睡觉时，做梦梦见的都是杯子。

直到第三天，佳佳开始上网查询澳大利亚当地的风土人情、审美趣味、文化艺术、广告设计，并在搜到的英文网页中慢慢揣摩，她才渐渐有了一点灵感。接着，她开始摸索使用电脑设计软件，然而，当几稿草图出来后，她又觉得不够理想。她想澳大利亚客户之所以来中国签单，一定是看好中国历史文化的博大精深，所以，她觉得应该在设计中融入中国元素，但也要体现澳大利亚人的习俗爱好。于是，她又参考了中国的传统服饰、徽派建筑特色、奥运设计等，设计出了一些中西结合的样品。

在那一个星期里，佳佳每天工作至少18个小时，她整天脑子里都在想着这一件事，累得头昏脑胀、腰酸背痛、手脚水肿。最后，总算从设计的几百幅作品中挑选出五幅水杯图案，传到澳大利亚后，客户看到她设计的样品非常满意，最后敲定了那笔数百万元的订单，之后又追加了一倍的订单。

这次任务的圆满完成，让老板对佳佳刮目相看，决定她可以继续留用。再后来，经过她的努力奋斗，老板又提升她为企划总监，负责公司的设计工作。

所以，我想说的是，当你经历任何创伤和挫折之后，不要急着去抱怨，去感慨世界的不公平，那些都是客观存在的，你的抱怨换来不了任何的改变。而真正能带给你改变的，是接受现实，改变自己。

张爱玲曾经说过："生活是一袭华丽的袍子，里面藏满了虱子。"再完美的人生也不可能只有喜悦没有疼痛，尤其是在人年轻的时候，稚嫩青涩的我们总会遭遇各种的问题，体会到人生的各种苦辣酸甜，有时候，我们会觉得这个世界简直糟透了，恨不得逃离到世界的另一端。可是，这都是命运所给予我们的刁难，无论我们如何逃避，都无人能够幸免。

人生就是如此，你只有经历过创伤和打击，才能逐渐变得成熟起来。痛苦、挫折、欺骗、中伤、失去，都只是你成长路上需要迈过的一道道坎，只有大胆地迈过去了，你才能到达你想要去的地方，实现更美好的人生。

当未来的某一天，你经历了无数个迂回后，终于到达了自己最初想要去的地方，你才会惊讶地发现，原来之前所经历过的一切不顺，都只是通往这里的必经之路而已，哪怕少走一步，你都无法蜕变成今天的你。而这时，你一定会对过往深鞠一躬，感谢那年那月，生活给予你的所有刁难。

2

境遇对你不公，你才是自己最大的宝

我有个表妹，去年刚参加工作，工作不到一个月，她就一脸委屈地向我哭诉，说与世无争的她在职场上遭受了不公平的待遇，领导对她特别不重视，总是把最枯燥和没有意义的工作交给她，不按时完成或做不好就会遭到劈头盖脸的批评，甚至连她的同事也排挤她。我告诉她：“这对于一个新人来说，很正常，你要想改变不公的境遇，不能指望被别人去改变，你必须先改变自己。你要去想想，为什么你得不到重视，还有，在这种不公的境遇下，你能为自己争取点什么？”

表妹真的听从了我的话，不再去抱怨，并在我的建议下她开始忙里偷闲地看一些书，在扩充自己的专业知识的同时，也学习一下职场上的生存法则。慢慢地，她的工作效率和工作质量都有所提升，而且她还在开会时表达出一些独到的见解，由此赢得了领导对她的重视。同时，她也开始试着让自己打入同事的圈子，遇到脏活累活自己抢着干，偶尔还会给别人一些帮助，因此，她在同事圈里的人缘也越来越好了。

一年之后，当我再见到表妹时，她已经不再是一年前那个青涩稚嫩的小女孩，而有了几分职场女性的自信与成熟。最重要的是，在面对不公的境遇时，她懂得了改变自己去适应环境。

我想说的是，当境遇对你不公时，你才是自己最大的宝。当你遭遇命运的不公平待遇时，无论你如何抱怨，如何消极怠工，如何向人求助，都无济于事，你只有坦然接受并积极努力采取行动，才能真正改变这种不公境遇。

国际超级激励大师约翰·库缇斯在出生时的样子，让所有见到他的人都会为他伤心。他蜷成一团只有可乐罐那么大，腿是畸形的，而且没有肛门。医生断言，这孩子几乎不可能活过24小时。可是，在他的父亲为他准备好殉葬的物品后，发现他居然还活着。紧接着，他又挣扎着活了一周又一周，一个月又一个月……于是，他的父母决定把他带回家，在父母的悉心照料下，他慢慢开始长大。

由于约翰·库缇斯的身材矮小，连家里的狗都欺负他，但是，在父亲的鼓励下，他学会勇敢地面对一切。到了上学的年龄，当他背着比他个头还大的书包、坐在轮椅上走进校门时，更因身体的残疾而吃尽了苦头。在学校里，约翰·库缇斯被一些调皮的孩子视为玩具。他们故意掀翻他的轮椅，弄坏他轮椅上的刹车，甚至用绳子绑住他的手，用胶纸封住他的嘴，把他扔进垃圾箱里，还在垃圾箱旁边点燃了火。一次幻灯课上，有几个同学为了戏弄约翰·库缇斯，在他的课桌周围撒满图钉。在约翰出去上厕所时，他感觉自己在黑暗中每移动一下，都会感到钻心的疼痛。当他来到光亮处，才发现自己手上扎满了图钉，鲜血直流。约翰终于无法忍受了，回到家，望着镜中的自己，想着自己一次次被折磨、被侮辱的遭遇，他放声大哭。他甚至想到了死亡，想到了自杀，但是，因为舍不得含辛茹苦将他养大的父母，他打消了自杀的念头。

由于约翰·库缇斯的两条腿畸形，不仅派不上用场，而且行动非常不便。于是，他在17岁时做了腿部的切除手术。虽然成了“半个人”，但是，他的行动能力却比以前提高了很多。

高中毕业后，约翰·库缇斯四处寻找工作，却因身体残疾而屡屡被拒之门外。不知道失败了多少次，约翰终于在一家杂货铺找到自己的第一份工作。后来他又做过销售员、技术工人，还在一个仪表公司拧过螺丝钉。那时，他每天凌晨4点半起床，赶火车到镇上，然后爬上他的滑板，从车站赶到几千米外的工厂尽管生活艰辛，但是能够自食其力，他还是非常开心。

此外，约翰·库缇斯还非常热爱体育运动。他从12岁就开始打轮椅橄榄球，由于他没有双腿，他全身的力量都积聚在手臂上，从而使得他的手臂力量惊人。1994年，他成了澳大利亚残疾人网球赛的冠军。2000年，拿到澳大利亚体育机构的奖学金，并在全国健康举重比赛中排名第二。

一个偶然的演讲机会，让约翰·库缇斯的人生发生了翻天覆地的改变。一次，他应邀对自己的经历做简短演讲，很多听众听了他的故事感动得流下了眼泪。这使约翰突然意识到，自己挣扎生存的经历可以给别人以启迪，让别人拥有更积极的心态，感觉更快乐。自此，约翰·库提斯踏上了职业激励大师的路途，并成为了国际超级激励大师。

与约翰·库缇斯相比，我们要幸运得多，至少我们拥有健全的身体。可是，有几个人敢说自己的人生比约翰·库缇斯的人生活得更精彩呢？

面对境遇的不公，你要去适应它。我们都生活在同一片蓝天下，为什么有一些人过着幸福安稳的生活，有一些人却生活在水深火热、饥不择食的环境中？为什么有人能够天生拥有健康的体魄，而有人却生而残疾？面对生活，我们总是会有一连串的疑问与不解。正如“我们无法改变天气，但可以改变心情”，我们无法改变生活的境遇，但我们可以改变自己去适应它。

我们每个人都希望自己的人生能够多一些快乐，少一些痛苦，多一些顺利，少一些挫折。但是，命运偏偏喜欢捉弄人、折磨人，总是给予我们更多的失落、痛苦和挫折。面对生活的不顺，我们要敢于承担，努力去做生活的强者。

所以，面对不公的境遇，关键在于你的态度。如果你能意志坚定，每时每刻做好自己该做的事情，即使在短时间看不到成效，那么，在不久的将来，你的人生也一定能够闪闪发光。这时，任何人、任何环境都无法阻挡你灿烂夺目的光辉。

3

遇到苦难笑一笑，继续向着梦想奔跑

好友丹丹过30岁的生日时，我应邀参加她的生日party。在点完生日蜡烛，许完愿时，她向我们讲述了她23岁生日时的场景。

那年，丹丹刚大学毕业，她背上那把旧吉他，怀揣着音乐梦想独自去了北京。当时，她的生活潦倒不堪，找不到理想的工作，远在老家的恋人提出分手，兜里的钱包也越来越瘪。但是，尽管如此，她也没有像别人那样，先找一份和梦想无关的工作混下去。而是为了理想坚持做自己想要做的事情，即使磕得头破血流也没有回头。

有一天，丹丹在面试失败回家的路上，突然想起来这天是她的生日。于是，她翻遍了所有的口袋，最后只凑了6元钱。她当时很想吃生日蛋糕，由于钱不够，她突发奇想买了一个肉包子和一支蜡烛为自己庆祝生日，把蜡烛插在肉包子的“肚脐眼”里，一个人度过了那个创意无限的23岁生日。

如今回想起那个生日，丹丹说她一点也不伤感，那反而成为她引以为傲的回忆。她说，正是凭借那种乐观坚强的个性，让她能够在北京得以立足，让她学到了可以依赖终生的本领，并有了现在安稳富足的生活。

丹丹的经历，让我明白了一个道理：最终实现梦想的一定都是坚持到底、积极乐观的人，即使遇到苦难，他们也不会退缩止步，而是一笑而过，继续上路。

人在年少时，每个人都会意气风发、激情澎湃地怀揣着梦想上路。可是，走着走着，就会遇到诸多的苦难，路越来越难走。于是，消极悲观的人为了躲避苦难，便把梦想丢在了路上，转身走上了一条容易的小路；而积极乐观的人面对苦难一笑而过，然后向着梦想继续前进。最后，消极悲观的人的路越走越窄，以至于最后竟无路可走，等到他想到最初的梦想时，甚至都想不起来自己究竟把它丢在哪里了；而积极乐观的人在战胜重重苦难后，终于如愿到达了理想的彼岸，展现在他们面前的是更为宽广的新天地。

人的一生，谁都难免要经历一些艰难险阻，即使是面对疾风骤雨，你也不能轻言放弃。只要你保持积极乐观的心态，总有一天，你能走出困境，让自己获得重生的力量。

小畅出生在一个寒冷的冬日，出生后便被亲人遗弃在商场门口，幸亏遇见好心的养母，可怜她这个弱小的生命，将她抱回了家，从此，她有了一个很爱她的母亲和一个温暖的家。

小畅天资聪颖、活泼开朗，自幼喜欢画画，她的梦想就是做一名绘画大师。从小学到高中，她一边读书，一边坚持去艺术学校学习美术。高三报考时，她自信满满地报考了北京一所艺术学校。然而，就在高考的前一天，她在去艺校学习的路上出了车祸，双腿粉碎性骨折，她也因此错过了这次高考。

小畅的母亲为此哭得死去活来，她自己却没有流一滴眼泪，她笑着安慰她的母亲："妈妈，没什么大不了的，只要我还活着，以后有的是机会。"经过半年多的治疗，小畅终于可以下床走路了。但是，没过多久，她在下楼时不小心摔倒了，碰坏了腿里面的钢钉，不得不做了第二次手术。但是，这次手术并不成功，新伤加旧伤，让她的腿再也没有复原的可能了，自此，导致她终生坐上了轮椅。

一年后，小畅母亲劝她去复读，"我不想读书了，太累了！"

她笑着说，那笑容有些苍白和无奈。“可是，你不是还有未实现的梦想么？”母亲心疼地说。当她看到母亲怜惜的眼神，她故作轻松地说：“梦想，当然要去实现的，但不一定要通过读书，我相信，在不久的将来，我一定会办一个学校，专门教小孩子画梦想，要多绚烂有多绚烂。”看着女儿仍然怀抱希望、坚持梦想，小畅的母亲终于放下心来。

接下来的日子，小畅让母亲帮她买来许多关于美术方面的专业书籍，凭借之前多年累积的绘画功底，再通过对理论知识的系统学习，一年后，小畅真的开办了一所幼儿艺术学校。起初报名学习的学生很少，但是，她的认真负责、积极乐观感动了很多家长，而且，她教出的学生还曾在全国绘画比赛上获奖，从而使得更多的家长愿意把自己的孩子送来学习。如今，小畅创办的幼儿艺术学校的规模仍在不断壮大，很多家长愿意把孩子交付给她，不仅仅是因为在她这里可以学到精湛的绘画艺术，还因为从她的身上可以学到面对苦难的乐观与坚强。

在追求梦想的道路上，一个人只有通过自己的不懈努力，才能实现自己的梦想。很多人往往只是关注对于梦想的树立，却忽略追求梦想过程的艰辛。特别是，当面对一个看似无望的现实时，有多少人会继续坚持，又有多少人会轻易放弃呢？生活总是在不断地修正，并且提醒我们，那些不畏艰难、逆流而上的人终究能够抵达成功的彼岸。

其实，人只要生活在这个世界上，就难免要经历痛苦。痛苦或是快乐，完全取决于你的内心。人不是战胜痛苦的强者，便是屈服于痛苦的弱者。再沉重的负担，笑着也是挑，哭着也是挑；再不顺的生活，只要微笑着撑过去了，那就是胜利。

4

在坎坷中风雨兼程，做一个潇洒的骑士

在我所读过的所有文学名著作品中，我最喜欢的就是塞万提斯的《堂·吉诃德》，更确切地说，是崇尚作品中的主人公“堂·吉诃德”的骑士精神。

在西班牙，有一位乡绅，酷爱骑士小说，终日捧读，手不释卷，最后读昏了头脑，竟异想天开，要去做一名游侠骑士，锄强扶弱，行侠丈义，闯荡天下。他从家传的古物中，找出一付破烂不全的盔甲，自己取名堂·吉诃德·德·拉曼恰，他说服了村上一位农夫做他的侍从，物色邻村一个挤奶姑娘，取名杜尔西尼娅，作为自己终生为之效劳的意中人。于是，便乘上一匹瘦马，踏上了冒险之途。只是，这一路走来，他屡战屡败，屡败屡战，

最终还闹出了许多让人哭笑不得的笑话。但是，他始终坚持自己的理想，直到一命归西之时，他在临终前还不忘立下这样的遗嘱，唯一的继承人侄女如不嫁给骑士，就会取消其继承权。

堂·吉诃德的如此荒诞不经的行为，在很多人眼中看起来是不合逻辑、无法理喻的，但是，在他身上，却有一种叫做“明知不可为而为之”的骑士精神。无论是什么样的理想和信仰，它的伟大或许不在于它多么合乎逻辑，而是有人为了捍卫它付出了我们为之轻天下的身命，人身如电光速逝，信心却可如日月长明。

人的一生中，无论经历怎样的崎岖坎坷，只要你的信心不灭，风雨兼程地向前挺进，即使失败，也会失败得很体面，甚至能感动整个世界。

人生就像随时都有可能发生意外的赛场，处处充满了难题，有时候你拼命度过了这个关卡，却发现前方竟然还有更多的难关等着你，你努力来到目的地，却发现转弯之后还有下一站要你去挑战。这就像在黑夜行走的人等到太阳出来后还是要面对下一个黑夜，度过寒冬后还有下一个寒冬。

或许，你会有熬不下去的时候，你只想抱头痛哭一场，可是，你手头上的工作还没做完，你预设的目标还没有实现，你连人生的一半都还没有走过。你根本没有任何资格哭泣，因为眼泪是给胜利者的奖赏，而只要活着总会有希冀。所以，你不妨扬起嘴角，给自己一个鼓励的微笑，然后，又继续埋头赶路，或许，就这样坚持走下去，走着走着，你就能到达你想要去的地方。

雯雯一直梦想着有朝一日能成为一个作家，因此，她一直在朝着这个方向努力。高中时分文理班时，她选择了读文；考大学时，她报了师范大学的中文系。在读大学期间，学习压力没那么大，她也有更多的时间去读书、写作。当室友们每天都忙着谈恋爱、吃喝玩乐时，她却一头扎在图书馆里读名著、研究文学，灵感来的时候还会写点东西。为了实现自己的作家梦，雯雯节衣缩食半年，用自己省下来的钱买了一台电脑，这样，就方便了自己在业余时间写作。

有时候，雯雯忍不住会把自己用心写好的文章，分发给室友们看，她的室友也就成了她的第一批读者。而雯雯只是告诉她们，自己是随便写着玩的，她从来不敢说自己的梦想是当一名作家。因为在她看来，梦想是一个说出来就矫情的东西，它就像在暗地里生长的一颗种子，只有破土而出，拔节而长，终有一日开出花来，才能正大光明的让所有人都知道，都看见。

雯雯的室友都觉得雯雯有些不可理喻，因为在她们看来，雯雯写的文章并不好。而又见她如此坚持不懈的写作，她们便不耐烦地劝告她："梦想用来想想就可以了，你何苦抓住它不放呢？"她们这是在婉转地告诉她，既然没有这个天赋，何必再固执己见呢？

可是，不管室友怎么说，她就是不服输，她不但没有放弃，还开始往各大报社投稿，结果，这些投出去的稿子就如石沉大海，杳无音讯。

于是，室友们更有理由打击雯雯了："你写了那么多稿子，或许报社的编辑连看都不会看，就被人家扔到垃圾桶里去了。""他们第一次不看，我就一直投，直到他们肯看为止。"雯雯坚定地回答。有时候，有的室友会暗含讥讽地和她开玩笑说："大作家，给我们签个名吧，也许五十年后，你成名了，我们还可以拿你的签名买个冰棒吃呢。"有时候，也有室友也会好言相劝："还是务实点儿吧，好好学习，毕业后一定能找份好工作的。""可是我的梦想就是当名作家，难道想当作家就是不务实吗？"雯雯心里暗暗想着，对他们的话充耳不闻，只顾看自己的书，写自己的稿子。

在那段不被任何人看好的时间里，雯雯几乎把所有的业余时间都花在了提高写作水平上。她阅读了大量的名著，每天都坚持写作，不管多累多苦，她都告诉自己一定要坚持住。想要实现别人那看似不可能的梦想，就要付出常人无法想象的努力，才能达到自己的目的。

大三那年，雯雯的第一篇散文终于发表了，虽然仅仅是一篇豆腐块大小的文章，但雯雯感觉到从未有过的幸福。当雯雯喜滋滋地把样刊给室友们分享时，室友们却不屑地嘲笑她说："那是杂志版面不足了，找不到稿子，才让你捡了个便宜。"此时的她，对这些冷嘲热讽早已习以为常了，她甚至觉得，她的生活中可能还需要这么一味添加剂——别人越是否定自己，她就越要对自己充满信心。一个人能够经得住多大的诋毁，就能受得起多大的荣耀。

大学毕业后，雯雯的文章已经在很多知名的报刊发表，她还相继出版了自己的图书，再后来，她真的就成了一名畅销书作家。

其实，在很多时候，成功都是被逼出来的。如果你在本该挥洒汗水的时候选择安逸，在本该拼搏的时候选择放弃，那么，到最后，你不得不在本该收获的时候，因为当初没有耕耘甚至是没有播下种子而懊悔不已；在本该成功的时候，因为当初没有拼尽全力甚至没有入场而备感苦涩；在本该享受的时候，因为当初没有积累足够的资本而饱受苦难。

马云曾经说过："自己选择的路，跪着也要走完。"在通往成功的道路上，不可能永远都是平坦的，无论你遇到怎样的艰难险阻，你都要在坎坷中风雨兼程，一步一步向目标前进，即使爬，也要坚持爬到终点！

5

命运终将宠着你，相信自己身上会出现奇迹

我在一次偶然的机会听到了动画电影《埃及王子》的主题曲，进而喜欢上这首歌，也因为喜欢这首歌而喜欢上了这部电影。

《埃及王子》是梦工厂电影公司在1998年圣诞节出品的动画电影，堪称电影史上最伟大的动画片。这部动画电影讲述了在法老治理的埃及，由于希伯来人人丁暴涨，老法老便下令让希伯来人去作奴隶，还吩咐他的子民将希伯来人所生的男孩统统丢到河里。其中，有一位希伯来妇女，因为不忍心将自己的儿子杀死，便将其放入了一个抹上石漆的蒲草箱中，然后将箱子放入尼罗河之中。箱子漂到了皇宫附近的小河，恰巧被到此散步的埃及王后捡到，她收养了这个孩子，并为其取名叫摩西。从此，摩西便与

王子兰姆西斯一起生活在王宫，两人也因此成为了最要好的伙伴。摩西长大成人后，一直对埃及人奴役希伯来人感到愤愤不平，后来，他因为失手打死了一个欺负希伯来人的埃及人而逃到了米甸地去居住。法老死后，兰姆西斯继承了王位，让摩西意想不到的是，这种不平等的等级制度不但没有得到改善，反而愈演愈烈。由此，在摩西的内心产生了通过自己的力量来改变希伯来人悲惨处境的期望。这时，以色列的神耶和华的出现，让摩西得知了自己的身世。耶和华感念摩西的虔诚，赐予他巨大的力量，让其带领苦难的希伯来人反抗埃及人的奴役。在经过一番苦难的斗争，希伯来人在摩西的带领下终于赢来了崭新的生活。

《埃及王子》主题歌中反复吟唱“当你相信它时，奇迹就会出现”，正是这种精神，使得摩西带领希伯来人创造了奇迹。其实，命运会眷顾每一个人，只要你相信自己，在你的身上就一定会出现奇迹。

据美国一项销售调查表明：有48%的推销员在被第一个人拒绝后就失掉了信心，只有12%的人在屡遭拒绝后依旧信心满满，不断尝试。而80%的生意都是这些推销员做成的。对于这12%的推销员来说，他们凭借强大的信念走遍无数条街道，并在每一次敲门前，都给予自己充分鼓励，并告诉自己是最优秀的推销员，由此，敲开无数个陌生的门。相信在我们每个人的内心身处，都会对成功充满渴望，而自信心的树立是获得成功的根本。成功者之所以能够取得成功，就在于他们相信自己，并不停地为了自己所设想的奇迹而努力奋斗。

海伦·凯勒看不见东西，听不到声音，但在她的一生中做了许多有意义的事情，并取得了巨大的成功。她的成功就缘于她的自信。

海伦·凯勒在一岁半之前，本是一个活泼健康的孩子，早早地就学会走路和说话。但在她19个月大的时候，她因为一次高烧而导致了失明及失聪。从此，她的世界陷入了寂静和黑暗，她只能通过比划一些简单的手势与人进行交流。但是，在她的内心深处，对生活有着很强的渴望，她自己想做什么，任何困难也挡不住她。她越来越想和别人交流，这些简单的手势也显得越来越不够用了。在她的内心深处，好像要爆发出一种力量，因为她的举止已难以让人理解。而当她的母亲对她的举止进行管束时，她甚至会哭闹叫喊。

因此，在海伦·凯勒6岁时，她的父亲从波士顿的珀斯盲人研究院请来了一位女老师，名叫安妮·沙利文。在这位恩师的指导下，她凭借着自己顽强的毅力，学会了手语，学会了说话，学会了多门外语，并在哈佛大学完成了自己的学业。但她认为，这些成功对她而言，仅仅是个开始。在接下来的日子，海伦·凯勒跑遍了美国的大小城市，并开始周游世界，为残障的人四处奔走，全心全力为那些不幸的人服务，最终，使她成为世界知名的残障教育家。海伦·凯勒的一生都在致力服务于残障人士，并写了很多的书，其中写于1993年的散文《假如给我三天光明》是最为著名的一篇。

命运虽然给予了海伦·凯勒许多的不幸，但同时，也给予了她成功的机遇。她凭借着自己顽强的毅力，奋勇抗争，最终冲破了人生的黑暗与孤寂，为自己赢得了光明和幸福。为此，美国《时代周刊》评价海伦·凯勒为“人类意志力的伟大偶像”。

不论命运曾给予你多少不幸与苦难，但它终将会宠着你，给予你诸多成功的机遇，关键在于你如何去把握。只要你对自己充满信心，并愿意为之努力奋斗，你就一定会成功!

在这个世界上，有两种人，“为吃饭而活着”和“为活着而吃饭”。前者是失去自信的人，他们为吃饭而延续着生命，做一天和尚撞一天钟，得过且过；而后者是满怀自信的人，他们到这个世界，不是为简单的吃饭而来，而是为了理想抱负，生命的意义而来的。活着，就应该活出个价值、活出个意义来，而不能如行尸走肉一般混吃等死。这就要求我们必须相信自己，满怀激情地为之努力奋斗。

无论生活多么艰难与困苦，我们都要相信自己！人生不如意之事十之八九，不要因为一次次的挫折，就磨灭了意志，对自己丧失了信心。对任何人而言，人生不会如你想象的那样一帆风顺，生活也不会如你想象的那样平铺直叙，未来更不会如你想象的那样畅通无阻。你必须相信自己，才能迈过生活中的坎坷，寻求到生活的真谛，找寻到属于自己的幸福。只有战胜的勇者，没有退缩的强者，生活赋予你的意义，是让你去创造奇迹，而不是用来虚度时日、消遣光阴的。

6

我的命运终归我做主，不能遇事就向他人求助

在实际生活中，我经常能看到这样一群人，他们稍微遇到一点难题，就会向别人哭诉自己的悲惨现状，甚至包括诸如老师不喜欢自己、与同事之间有了点小嫌隙、领导对自己不够器重、恋人对自己不够好……对于那些什么都不思考，什么都不研究，张嘴就说，只想一步到位、不劳而获的“伸手党”，真的没法让别人帮助你。人生是你自己的，你必须牢牢地掌握在自己手中，对于你的问题，别人可能会很容易给你答案，但是，别人给出的答案未必适合你，也未必就是最好的。只有你最了解自己，知道什么才是真正适合自己的最佳答案。

这不禁让我想起这样一个故事：

有一个少年走进一家鞋店，想要为自己订做人生的第一双皮鞋。

老鞋匠问他：“你这双鞋子，是想要方头还是圆头呢？”少年觉得这两种都不错，不知道应该选择哪一种。于是，鞋匠让他回家好好考虑一下，考虑好了再过来。

过了几天，少年又走进这家鞋店。可是，当老鞋匠问起鞋子是做方头还是圆头时，他依然犹豫不决。最后，他对老鞋匠说：“你给人做了这么多年鞋子，一定很有经验，不如你就给我拿主意吧。”老鞋匠看他实在不能做决定，就答应说：“知道了，过几天你来取鞋子吧。”

当少年去取鞋子时，他发现，老鞋匠给他做的鞋，一只是方头的，一只是圆头的。他非常惊讶：“你怎么为我做了这样的一双鞋子呢？”老鞋匠平静地看着他说：“既然你让我来决定，当然是我想要做成怎样就怎样做了，不是吗？我只是想告诉你，别总让别人替你做决定。”

少年收下了这双不能穿的鞋子，也收下了一条重要的人生守则：自己的事要自己做主。如果自己没有主见，把决定权拱手让给别人。那么,一旦别人为你做了决定，倘若结局很糟糕，你就是后悔也来不及了；就算是个很好的结局，可能也未必是你想要的。

不仅仅是订做一双鞋子要自己做决定，只要关乎自己人生的每一件事情，我们都要自己来做决定。每一个年轻人都应该深知此道理：我的命运终归我做主，不能遇事就像他人求助。

有一个男孩，他从小就喜欢玩石头，只要一有空，他就跑到山上或河滩上寻找稀奇古怪的石头。只要一回到家里，他就把自己关在屋子里，一遍又一遍地观赏和抚摸着那些捡来的石头，并用心聆听它们的低声细语。他觉得石头也是有生命的，它们的心中也有许多别人不知道的秘密。

对于男孩的这个爱好，他的父母刚开始以为他只是一时兴起，也许用不了多久就会玩腻，因此，并没有怎么在意。可是，一年又一年过去了，他的兴趣爱好却始终没有改变，眼看着院子里和墙角处的石头越堆越多，越码越高，他的父母开始着急起来。毕竟，在父母看来，读书、上大学才是正道理，玩石头能玩出多大的前途呢？于是，他们千方百计地想要阻止孩子玩石头，将他捡回来石头全部扔到了附近的山谷里，还狠狠地骂了他一顿。但是，没过几天，他又悄悄地将那些石头背了回来，藏在一个更加隐秘的地方。他就像着了魔一样，无论大人怎么教育，怎么胁迫，他对石头还是一如既往地狂热。

随着年龄的增长，男孩对石头的颜色和形状已没了多大的兴趣，开始转向研究石头的形成、结构、质地等。不过，由于他缺乏专业的知识，又没有相关的仪器和设备，所以走了不少弯路，浪费不少时间。于是，有人嘲笑他说："算了吧，你只是一个普通人，再怎么努力，也成不了科学家，还不如把精力用在其他方面。"对此，他只是一笑置之。

高中毕业，男孩没有考上大学，只好去了一家建筑公司打工。业余时间，他仍然喜欢研究石头，还买了不少这方面的书籍，渐渐地，他竟玩出了一些门道。有一次，一个工友好奇地问他："你玩这个有用吗？也没见你赚到什么钱。"他只是淡淡笑了。

功夫不负有心人，经过多年的努力，男孩不仅能够一眼认出一块石头产自哪里，质地如何，有多重，而且还能看出其中含有什么矿物质。有一年，他去缅甸旅行，看到一群人正在赌石，他立刻被这种交易吸引了，并将身上所有的钱押了上去。从那以后，他成了赌石场的常客，凭着敏锐的直觉和多年对石头的研究，他几乎战无不胜，很快就成为富甲一方的商人和鉴赏界的大腕。

命运终归是掌握在自己的手中，这是每一个人都应该懂的道理。大凡成功人士，都是依靠自己的努力获得成功的，没有谁是依靠求天拜佛获得成功的。他们往往善于思考问题，善于把握机遇，把困难当做磨炼，把失败当做考验，最终才得以成功。

塞涅卡说：愿意的人，命运领着走；不愿意的人，命运拖着走。在这个世界上，含着金钥匙出生的人毕竟在少数，大多数人都要依靠自己的努力去掌控命运。一个人只要对自己充满信心，敢于向命运发出挑战，那么，就一定能够掌控命运，走向成功。相反，一个人如果对自己都没有信心，一味地逃避与退缩，那么，最后只能被命运牵着走，沦为命运的奴隶。

无论我们遭遇到什么样的境遇，真正的自由都是由自己的内心来掌握的，而不是命运的安排。只要你心怀希望，相信自己，靠着自己的顽强奋斗，你就一定能够掌控自己的命运。

7

笑是一剂万能药，厄运见了它就会跑

我在做腰椎按摩时，认识了一位手法娴熟、技艺精湛的盲人按摩师，她叫小慧。她虽然是个盲人，但是，从她的眼睛里，我看到了她对生活的渴望与期冀，而且，每次去她那按摩时，她总是满脸笑容，让人体味到少有的安详与平和。或许，这也是很多人来这里做按摩的原因。

有一次，我去小慧那里做按摩，恰好赶上按摩室没人，我便和她攀谈起来。在和她聊天的时候，我得知她自幼父母双亡，她是奶奶一手带大的。在她14岁时，她便去盲校学习理疗按摩，她用了三年时间，才摸清了人体上的每一根经络。之后，她便开始走南闯北，去过很多大城市，虽然看不到城市的样子，但是，她却练就了一身的本领。我知道一个正常人走南闯北的艰辛与苦楚，所以，我无法想象一个盲人要如何走南闯北，我没敢问，也怕不礼貌，只是由衷地说了一句："你真是了不起！"她可能明白了我的心意，说："我从事这个行业已经有15年了，这一路走来，我数不清自己走了多少弯路，摔倒了多少次，但是，我并没有觉得自己有多苦。每一次遇到跌倒，我都会微笑着爬起，然后继续前行。我一直相信，上天关了我眼睛这扇窗，它就一定会给我打开另一扇门，而这扇门就是按摩……"

在小慧的身上，我读懂了笑的力量。笑是一剂万能药，当你笑着去面对生活时，所有的不幸与苦难都会一扫而光。

我们在儿时都喜欢做游戏，其目的就是在不断战胜挫折与失败中获取刺激与快乐，如果没有挫折与失败，再好的游戏也会显得索然无味。我们的人生其实也是一场游戏，作为主角，如果我们能够像儿时那样以寻求刺激和快乐为目的，笑看人生的挫折与失败，那么，我们的人生也一定会像儿时那样活得愉悦与幸福。将人生中的挫折与失败视为"游戏"，并非游戏人生，而是以一种积极乐观的心态去面对挫折与失败，去战胜挫折与失败。

我们无法避免厄运的降临，但是，我们却可以掌控自己的心态。当我们能够以积极乐观的心态去迎接人生中的所有挑战，我们的人生就会是另一种景象。漫漫人生路，有时候退一步，是为了能够踏遍万水千山；有时候低一下头，是为了能够昂扬成擎天柱。如此退步低头，即便今日跌落谷底，明日依然能够抵达巅峰，昂然地傲视群雄。

丹麦有一位女作家，名叫嘉伦·碧森，她不但是一位享誉欧美文坛的女作家，而且，她曾与比她早出世80年的安徒生并列为丹麦的“文学国宝”。然而，就是这样一位在文坛享有如此盛誉的作家，她曾一度陷入人生低谷，厄运连连，苦难重重：她苦心经营了18年的咖啡园因长年亏本被拍卖；她深爱的情人因飞机失事而离世；婚姻破裂，前夫再婚；从丈夫那里感染到梅毒，就连药物也无法控制。当时的她，身无分文，而且除了少女时代在艺术学院学过画画以外，无一技之长。无奈之下，她只好回到母亲那里，仰赖母亲生存。

虽然当时的生活如此糟糕，但是，苦难并没有摧毁嘉伦·碧森的斗志，她鼓足了勇气，开始伏案笔耕。在她的努力与坚持下，她的第一本作品终于脱稿，是七篇诡异小说。然而，她的第一本作品在丹麦并没有得到赏识，饱尝闭门羹。于是，她又到英国去寻找出版商，结果又碰了一鼻子灰。后来，在经过众多的挫折与苦难后，她的第一部作品《七个歌德式的故事》于1943年在纽约出版，并一鸣惊人，好评如潮。这一年，嘉伦·碧森已将近50

岁。自此，她从绝望的黑暗深渊一跃而成为文学巨星，她后来出版的每一部新作都成为名著，原文都是用英文书写，先在纽约出版，然后再重渡北大西洋回到丹麦，以丹麦文出版。

嘉伦·碧森成为北大西洋两岸文学界的宠儿后，丹麦时下的年轻作家都把她当女王般看待。74岁那年，她第一次拜访纽约，纽约文艺界知名人士，包括赛珍珠和阿瑟·米勒皆慕名而来。在嘉伦·碧森因文学而获取诸多荣耀的同时，她为此付出了极大的代价，梅毒给她带来极大的肉体痛苦，当梅毒侵入她的脊柱时，她常痛得在地上打滚。晚年时，她变得极其消瘦、衰弱，坐立行皆痛苦不堪，但她始终坚持生活下去，直到77岁时，淡定地离开人世。就像她所说的那样："当我的肉体变得轻如鸿毛时，命运可以把我当做最轻微的东西抛弃。"

嘉伦·碧森在写作初期以IsakDinesen为笔名。Isak，犹太文是"大笑者"的意思。她之所以采用这笔名，也许就是为了鼓励自己，笑看命运的残酷。人活着，就应该具有嘉伦·碧森这种"笑看人生"的心态，微笑着面对世俗的纷繁，正视生活的不幸与苦难，当你以欣赏风景的心态，把生命中的一切遭遇都看作是圆满或凄美的风景时，一切都会归于淡然和美好。

汪国真有诗云："我微笑着走向生活/无论生活以什么方式回

敬我/报我以平坦吗/我是一条欢快奔流的小河/报我以崎岖吗/我是一座大山庄严地思索……”现实生活永远也不会一帆风顺、畅通无阻，但是，只要我们拥有一颗坚强乐观的心，本着笑对人生的心态去走人生之路，就一定能够笑口常开。

未来的路上，无论是成功还是失败，请抬起头，让笑容之花在你的脸颊灿烂绽放。舒展眉眼，轻轻地笑一下，让所有的苦痛和哀愁都付诸东流。

CHAPTER

第八章

保持心态平和，永不中焦躁的魔

1

做到宠辱不惊，你将“百毒不侵”

在读大学时，我有一位室友叫京京，由于她的家境贫困，她在吃穿上都要逊于同寝室的其他室友。但是，京京在写文章上却很有一手，在读高中的时候，她就发表过很多诗歌和文章，所以一进学校就被任命为文学院的宣传部副部长。在军训期间，每周一期的《军训特刊》的卷首语都是她写的，由于卷首语的精彩，让很多新生对这本不成规模的期刊趋之若骛。

在读大学的四年间，为了让父亲减轻负担，京京每学期的生活费来源就是为数不多的稿费和奖学金。有时为了买一些她所喜欢的文学作品，她一日三餐就靠馒头和方便面来填饱肚子。有时，我们同寝室的室友在一起吃饭，大家都知道她生活拮据，所以，我们都争先为她埋单，但是，总被自尊心极强的她以各种理由拒绝，我想她是不想欠室友的人情，因为她知道自己没有那么多生活费去回请室友。

然而，生活的窘迫丝毫没有影响京京对学业与梦想的渴望与追求，京京一直都是泰然处之。为了让自己的生活费有着落，也为了有朝一日实现她的文学梦，她知道必须努力学习，争取每学期都能拿到奖学金，同时，她还要在课余时间写稿，去赚那少得可怜的稿费来维持生活。在这样的艰苦条件下，她一步一步地走上了文学创作之路。大四毕业时，京京出版了自己的诗集，那是她多年苦心孤诣创作的作品，薄薄的一本，但每一个字都倾注了她的心血。也正是因为这本诗集的出版，使得她顺利被北京一家知名的教育报社聘用。再后来，她又凭借出色的写作功底和丰富的处世经验，顺理成章地坐上这家报社主编的位置。

这些年来，每当我遇到困境，想要放弃梦想的时候，我都会想到京京，她的坚持给了我莫大的鼓励；每当我取得一点小成绩沾沾自喜时，我也会想到京京，与她相比，我的这点小成绩简直就是九牛一毛，这鞭策我更加努力进取。

人的一生，谁都难免要经历一些荣辱得失，面对这些境遇，一个淡定平和的心态显得尤为重要。所以，不管世事如何变幻，不论身处何时何地，只要你始终能够做到宠辱不惊，并坚持尽自己的最大努力做好该做的事情，那么，你将“百毒不侵”，任何境遇都不会影响你走向成功。

小茹是一个相貌平平的女孩，几次考研落榜后，她在朋友的引荐下进入一家电视台做撰稿编辑。小茹写了几期稿子后，编导对她有些失望，他觉得她写出来的东西平淡无奇，距离他的期望值太远。况且与小茹几乎同时进入公司的其他几个女孩都要比她出色得多，要么比她更有经验，要么比她更懂交际，要么比她更有领悟能力。每次她们和编导畅谈思路或调侃嬉笑时，小茹通常就只能坐在一边默不作声，就像一个局外人。

渐渐地，编导对小茹的态度越来越冷淡，但是，碍于介绍人的情面，他又不好意思直接辞退她，只能在话语中略带几分奚落。有一次开选题会，轮到小茹介绍选题的时候，编导便假装开玩笑地说：“来，让我们听听小茹是如何把一个有趣的故事讲得没趣的。”在座的其他人，有的趋炎附势、随声嘲笑，也有的替她感到尴尬，流露出同情的目光。而小茹自己的就像没有听懂编导话语中的意味似的，脸上却没有任何难堪的表情，拿着稿子镇定自若地站在那发言。

自从小茹进入这家公司以来，无论她遭遇编导怎样的奚落和嘲笑，她从来没有向任何人抱怨过，并一直以沉默的勤奋应对着一切。凡是领导交给她的事，她就一定会拼尽全力去做。遇到不懂的就上网去查，白天干不完的工作晚上熬夜接着干，即使是别的编辑都不愿意接的活，她也会毫无怨言地接过来。

有一次，栏目组要临时加播一期特别节目，从撰稿到播放只给五天时间。除了小茹，编导问遍了所有编辑，大家都把脑袋摇得比拨浪鼓还快："时间这么紧，累死我也弄不完。"编导本打算撤销这个栏目，这时，编导看见坐在一边埋头苦干的小茹，便随口问了一句，没想到她却爽快地答应了下来："没问题！"所有的编辑都张口结舌地看着她，似乎在说："你疯了吗？这怎么可能？"编导一脸严肃地向小茹确认："你确定自己能做到？如果拖稿的话，后果可是很严重的。""我确定，我可以做到！"她答得很简洁有力，面容更是波澜不惊。

编导离开后，小茹听见后面几个同事在那悄悄议论，"真不知道她哪来那么多的自信？自己半斤八两还不自知。""瞎逞能！""这次有热闹看了！"……听到这些议论，小茹没有作任何回应，只是更加努力地筹划这期栏目。

出人意料的是，小茹最后真的按时完成了那期栏目，而且得到了编导史无前例的赞赏。那些讥讽嘲笑她的同事都羞愧得无地自容。从此，小茹在栏目组声名鹊起，编导也渐渐把一些重要稿件交给她去做。久而久之，她写出来的文字不再如往日那般平淡，变得铿锵有力，这也为她赢得了更多的约稿机会。一年后，小茹的稿酬已经比起初翻了两番。再后来，小茹被另一档人气节目挖走做编导，职位上升，收入更是不可同日而语。

在我们每一个人的一生中，几乎都会经历与小茹相似的事情。没有出众的天赋，没有过硬的家庭背景，甚至在很长一段时间，还会遭受别人的冷嘲热讽。当环境无法改变时，我们不如变换心态去看待它，适应它，然后从中受益。

把名利看穿，把成败看透，把荣辱看淡，凡事不必太过苛求。看淡些，看开些，我们的人生才会豁然开朗。如果你当真对成功有着强烈的渴望，那就更应该把名利金钱看得淡一些，更应该在困难面前沉着冷静，在窘境面前淡然自若。因为一个人的力量和潜能只有在把世俗之心全然放下的情况下才能得到极致的发挥，海纳百川的胸怀必能使你在人生的征程上乘风破浪越走越远。

生活的所有启示在于，让人能够看破生活的纷扰，活出一种淡定和从容，既有入世的温暖，又有出世的淡然，从而去化解生活中的那些患得患失。不管经历多少人生浮沉，只要能够历练出人生百味，活出人生的那份安静与泰然，付出任何代价都是值得的。

2

豁达的心态永远强于愧疚

周末，我应邀参加一位大学同学的婚礼。举行婚礼仪式期间，有一位女同学看着台上的新郎新娘颇为感慨，对我说：“如果自己当初没有赌气跟男友说了分手，现在估计孩子都能打酱油了。”从她的神情话语间，我看到她满是对已逝感情的懊悔。我沉默着没有说话，因为这些年，我对她太了解了，从大学开始到现在，她一直在不断恋爱，不断分手，这并不是她第一次在分手后追悔莫及。几乎在每一段感情结束后，她都会很快就感到后悔，并不断回忆起对方的好，忏悔自己种种伤害对方的言行……

我们经常会听到人们在现实中如此哀叹：“如果当初……现在早就……”这是一种明显的愧疚情绪。愧疚，就像一剂慢性毒药，无休止地磨灭我们的意志，不知不觉消耗我们的快乐，总有一天，我们会被它们所吞噬。如果你由于自己过去的某种行为而一到现在都无法积极生活，那便成了一种消极的悔恨了。愧疚是一种不健康的心理，它会白白浪费自己目前的精力。而豁达则是一种健康有益的做法，也是我们每个人不断取得进步与发展的重要方法。所以，豁达的心态永远强于愧疚。

爱默生经常以愉快的方式来结束每一天。他告诫人们："时光一去不返，每天都应尽力做完该做的事。疏忽和荒唐事在所难免，要尽快忘掉它们。明天将是新的一天，应当重新开始，振作精神，不要使过去的错误成为未来的包袱。"要成为一个快乐幸福的人，重要的一点是学会将过去的错误、罪恶、过失通通忘记，然后努力向着未来的目标前进。

她是他心里的一个结，十几年来，他无论如何也无法解开。因为那个伤口，久久不能愈合。

她是他的初恋女友，他们在高中时就谈恋爱了。那时，她是学校的校花，追求她的人好多，他恨不得让全学校的人都知道他们在谈恋爱。她和他在一起，她从始至终都显得很骄傲。她经常用冷傲的态度面对他的热情，若即若离。他用尽一切办法讨她欢心，她用尽一切方法折腾他，他们在一起哭过、笑过、争吵过，而后又和好……转眼间，高中毕业，他们去了不同的城市上大学，她依旧那样冷漠高傲，而他也终于不堪重负，向她提出分手，于是，他们之间的感情就这样不了了之了。

大学毕业后，他分配去了小城市工作，不断升值，当上了局长，后来又娶妻生子。她留在了北京工作，不断辞职、旅行，再回来工作。不断恋爱、不断失恋。平时，他们基本不联系。每年的几次通话，都是他在酒醉之后打给她的，通话的内容都是一样的——他总是满心愧疚地对她说："一个男人，不能娶自己的深爱的人为妻，是人生最大的遗憾！如果当初我不曾向你提出分手，如今，我们是不是就能够生活得很幸福……"对于他的愧疚，她在电话那头，总是沉默，之后说："我很抱歉，那时候，我太年轻了，太过骄傲，不懂珍惜，所以，请你原谅。如今，你已经娶妻生子，而我也有我自己的生活，过去的就让它过去吧！"这些年，他一直在关注她的QQ，从她的QQ状态更新中，他知道，她这些年来在不断地恋爱和失恋，被各种男人伤得体无完肤。但是，她越不幸福，越潦倒、憔悴、混乱，他就越是想不通，越是愧疚。每当他关掉电脑，躺回熟睡的妻子身边，心潮久久不能平静，他忘了身边还有如此安稳的幸福。

又是几年过去了，远方传来了她要结婚的消息。他决定去参加她的婚礼，以此做个"了结"，回来后彻底把她忘掉。为此，他请了假，对妻子撒了谎。然后，他坐到了火车站的候车厅。就在火车即将开动的时候，他接到了妻子焦急的电话。孩子生病了。他冲下火车，赶到医院，看到小脸烧得红通通、昏睡过去的小女儿，心猛地一疼。他觉得自己差点做了一件傻事。那天晚上，他提着行李箱狼狈地走在回家的路上。他在心中暗笑自己："既然想忘，又何必去火车站呢？"

生活，照样继续。每天上班、下班、吃饭、喝水、带孩子玩。只是，在那次真心劝导自己之后，他解开了自己十几年都无法解开的心结，他决心和妻子踏踏实实地过日子。他没有删掉她的电话号码，也没有删掉她的QQ，但是，这一次，他却真的放下了。

人生没有回头路，也没有后悔药。过去的已经过去，你再也无法重新来过！生活本就是由无数缺憾和错误组合而成。正是那些过往经历，才铸就了如今的自己。上天在创造人类时，之所以让大脑有记忆功能，并不只是为了让我们身陷愧疚不能自拔的，而是为了让今天的我们能从回忆中幡然醒悟，知道未来的路应该怎么走。生活赋予我们坎坷和错误的意义，也并不只是为了让我们体会疼痛的感觉，而是为了让我们在疼痛中看清自己，让那个迷路的自己找到回家的路。

人的成长是一个不断尝试、不断跌倒或迷失的过程。一个明智的人，绝不会为他所缺少或失去的感到悲哀，而只会为他所拥有的感到欣喜。生命只有一次，失去的永远不会回来。面对无法挽回的错误，后悔、埋怨都无济于事，反而会阻碍你继续前进的步伐，最好的方法就是选择忘记，然后重新开始。

那么，我们如何才能避免愧疚呢？避免愧疚的最佳方法就是：生活在现在。人的一生中，往往会有很多这样的遗憾与悔恨：有些人事，自己拥有的时候不太在意，而一旦失去则后悔莫及。唯有活在现在，你才能终止愧疚，把握住以后的人生。因此，我们要以豁达的心态宽恕自己，原谅过往。当我们犯了某个错误，或辜负了自己的期望时，要学会宽大为怀，尽释前嫌，这样我们才能活得更加幸福。

3

静若处子，才能动若脱兔

南美洲有一种蟒蛇，由于它的身体过于强大，它在行动上往往不是很方便。为了捕食，它唯一的办法只能是埋伏在丛林中间，等待猎物经过。通常情况下，一天下来仍没有一个猎物经过，两天下来没有一个猎物经过，甚至一个礼拜下来都没有一个猎物经过。但是，它知道，只要在那儿等待，一定会有猎物经过。等到终于有猎物经过了，它就会瞄准时机，一跃而起，一口把猎物咬住。

从表面上看，大蟒蛇在那儿一动不动，完全处于被动，但实际上，它每时每刻都很警觉，即使睡觉的时候都在用身体感受着周围是否有猎物经过。蟒蛇比任何动物都更加清楚耐心等待的重要性。

这不禁让我想到“静若处子，动若脱兔”的智慧。我们在成功之前，要耐得住寂寞与诱惑，顶得住压力和嘲讽，从而才能在时机成熟之时当机立断，果断采取行动。

等待，绝不是守株待兔、坐以待毙，更不是怨天尤人、无所事事。鲜花与掌声属于有准备的头脑，我们在等待的过程中是为了审时度势、科学决策。我们在等待的过程中是为了保持头脑清醒、沉着冷静，从而保证在行动时能够果断采取措施，有所为有所不为。

齐瓦勃出生在美国乡村，由于家境贫寒，他只接受了很短的学校教育。在他18岁时，他来到“钢铁大王”卡内基所属的一个建筑工地打工。当其他人都因为工资低而消极怠工时，齐瓦勃却躲在一个角落里自学建筑知识。一次，公司经理在检查工作时，看见其他人都在闲聊，只有齐瓦勃一人在那静静地看书，便走上前看了看齐瓦勃手中的书，又翻了翻他的笔记本，什么也没说就走了。第二天，经理就把齐瓦勃叫到办公室，问他看那些书做什么，齐瓦勃说他想学习一些技术知识丰富自己的工作经验。没过多久，齐瓦勃就被升任为技师。为此，有些打工者讽刺挖苦齐瓦勃，他却不以为然，他心想：“我是在为自己的梦想而努力，为自己的远大前途而努力。我必须努力在工作中提升自己，使自己工作成果远远超过所得的薪水，只有这样，我才能有机会得到重用！”正是抱着这样的信念，齐瓦勃一步步升到了公司总工程师的职位上，接着在25岁那年，又做了这家建筑公司的总经理。

卡内基的合伙人琼斯是个天才工程师，他在布拉德钢铁厂时，他发现身为总经理的齐瓦勃每天都是第一个来到建筑工地。于是，琼斯好奇地问齐瓦勃为什么总来这么早，他回答说：“只有这样，当厂里发生突发情况，才不会被延误。”工厂建好后，琼斯推荐齐瓦勃做了自己的副手，主管全厂事务。两年后，琼斯因意外事故丧生，齐瓦勃便接任了厂长一职。

由于齐瓦勃认真负责的工作态度，使得布拉德钢铁厂成了卡内基钢铁公司的灵魂。因为这个工厂的存在，卡内基才敢对外宣称说：“什么时候我想占领市场，市场就是我的，因为我能造出价格低廉又质量上乘的钢材。”几年后，齐瓦勃被卡内基任命为钢铁公司的董事长。

从齐瓦勃的成功经历，我们可以得出这样一个结论：如果一个人内心里始终装着自己的梦想，并且能够静下心来为自己的梦想积累能量，等到机会到来之时，就能果断抓住机遇，大获成功。

我们当下所处的这个社会，每天都会有大量新鲜的外来事物纷纷涌入。花花世界的诸多事物，难免会让很多年轻人禁不住这些极大的诱惑，从而使人变得急躁不安，想尽快拥有自己所没有的东西。可是，事情往往都是事与愿违、不尽人意，你越是急躁，成功的机遇距离你就会越远。因为任何成功都是一步一个脚印，通过十年、甚至几十年的奋斗得来的，而奋斗路上也必然充满了艰辛与坎坷。

人生不可能总是一帆风顺，跌跌荡荡、起起伏伏都在所难免。每个人在人生当中都会体验失败，失败可能将人的意志击垮，也可能造就成功。成功者与失败者之间的区别在于，成功者决不会放弃，放弃者绝不会成功。成功者并非来自天赋，而在于他们学会了在等待中品味失败，找出自己本身的缺点不断完善自己，敢于去挑战，不畏惧失败，如此一来，当机会出现之时，他们就会突然发动“袭击”，擒获自己的想要的“猎物”。

美国总统林肯一生的经历曲折坎坷：9岁时，他的母亲离开人世；两次经商失败，负债累累；7次竞选失败；在即将结婚时，未婚妻死了。但是，林肯并没有被困难打败，在苦难中，林肯学会了等待，不放弃自己的人生，他花费16年的时间偿还了债务，并且终于在1860年51岁时，当选美国总统。成为美国历史上最伟大的总统之一。

不曾经历风雨怎么会见彩虹，没有人能够随随便便成功。在追求成功的路上，不要再质疑是否值得去等待，试想如果生命之中没有了漫长和枯燥的等待，我们就很难体会到成功所带来的愉悦，也无法感受到奋斗过程的美好。成功的秘诀就是坚持自己的选择，保持一颗永不言弃的心，不要在乎前路坎坷，不要在乎别人异样的眼光，每一刻的等待，都是人生的一种难得经历，会让我们的人生变得更加坚忍不拔。

“冰冻三尺，非一日之寒；水滴石穿，非一日之功。”每一个“动若脱兔”的强者的背后，必然要经过等待的蛰伏！

4

在不幸面前，你侧身就能看到春天

我曾在托尔斯泰的散文名篇《我的忏悔》中读到了这样一个故事：

在一个寂寞的秋天黄昏，无尽广阔的荒野中，有一位旅人赶着路。突然，旅人发现薄暗的野道中，散落着一块块白白的东西，仔细一看，原来是人的白骨。旅人正疑惑思考时，忽然从前方传来惊人的咆哮声，随着一只大老虎紧逼而来。看到这只老虎，旅人顿时了解白骨的原因，立刻向来时的道路拔腿逃跑。

但显然是迷失了道路，旅人竟跑到一座断崖绝壁的顶上。在危急之中，幸好他发现断崖上有一棵松树，并且从树枝上垂下一条藤蔓。旅人便毫不犹豫，马上抓着藤蔓垂下去，可谓九死一生。

好感谢啊！幸亏有这藤蔓，终于救了自己一命。旅人暂时安心了。但是当他朝脚下一看时，不禁“啊”了一声，原来脚下竟是波涛汹涌、深不可测的深海，怒浪澎湃着，而且在那波涛间还有三条毒龙，正张开大口等待着他的坠落。旅人不知不觉全身战栗起来。

但更恐怖的是，依靠救生的藤蔓，在其根接处出现了两只老鼠，正在交互地啃着藤蔓。旅人拼命摇动藤蔓，想赶走老鼠，可是老鼠一点也没有打算逃离开的样子。

绝望中，他看见藤蔓附近生长着一簇野草莓，伸手可及。于是，他拽下野草莓，塞进嘴里，自语道：“多甜啊！”野草莓的香甜，竟然使得旅人完全忘记自己正处于危险万分的境地，而沉浸在这份意外的惊喜之中。

生命进程中，当痛苦、绝望、不幸和危难向你逼近的时候，你是否还能享受一下野草莓的滋味？在不幸面前，很多人都习惯自怨自艾，身陷痛苦中无法自拔。可是，你不要忘记：冬天来了，春天还会远吗？当你身陷不幸之中，你侧身就能看到春天，关键在于你的看法和态度。

有两个工作十分不如意的人，他们的心情特别低沉，甚至感觉无法生存下去了，于是，他们一起去寺庙拜见师父。他们说：

“师父，我们在办公室总是被欺负，有些忍无可忍了，求您明示，我们是否应辞掉工作？”师父闭着眼睛，过了好一会，才吐出五个字：“不过一碗饭。”然后挥挥手，示意年轻人退下。

回到公司后，其中一个人就递上辞呈，回家种田；而另一个没有任何动静，依旧在那家公司工作。

一转眼，十年过去了。回家种田的以现代方式经营，加上品种改良，居然成了农业专家。而另一个留在公司的也不差，他忍着气，努力学，渐渐地受到器重，当上了经理。

有一天两人相遇了。农业专家问另一个人：“奇怪，师父给我们同样‘不过一碗饭’这五个字，我一听就懂了。不过一碗饭嘛，日子有什么难过的？何必硬靠在公司？所以辞职。那你当时为何没听师父的话呢？”那位经理笑道：“我听了啊，师父说‘不过一碗饭’，我想就是多受气，多受累，不过就是为了混碗饭吃，老板说什么就是什么，少赌气，少计较，不就成了吗？”

同样一句话，两个人对其理解截然不同。也因为这句话，他们最后都获得了成功。这句话，其实就是告诉我们，再大的不幸也“不过一碗饭”，你如何对待，就在你的一念之间。面对不幸，只要我们保持良好的心态，侧身就能看到春天！

没有不遭受挫折与磨难的人生，只有不肯在有限的人生里快乐起来的心。快乐本没有绝对的意义，平常一些小事往往也能撼动你的心灵。快乐与否，关键取决于你的心怎么看待。只要你愿意改变你的人生，那么贫穷也会变得富裕；如果你甘心平庸一生，那么你就注定要潦倒一生。

由于人的心态不同，所过的生活也是完全不同的：有的人能很快调整自己的心态，他们虽然也要付出努力去解决困难，但是，他们始终在用一种乐观的态度看待自己付出的努力，他们有着良好的人际关系，有着健康的身体和美满的家庭，他们大多快快乐乐地过着高品质的生活；而有的人则是一天到晚忙碌也只能维持生计。这其中的原因在于，持乐观态度的人总是能够保持良好的心态，他们很会苦中寻乐，尽管他们也有烦恼、困难，但是，他们能够自我调节，成功是迟早的事。而那些忙碌的人，尽管他们也付出了很多，但是，他们总是为自己找借口，甚至怨声载道，这样的人怎么能成功呢？苦中寻乐是一种生活态度，它能够让你保持一份自信和希望，让你从痛苦、贫穷和难堪中走出来，看到春天的生机勃勃。

任何痛苦都是自己找的，任何快乐也是自己创造的。苦痛源于你的心境，快乐与否在于你的心态。快乐存在于生活的点滴中，比如一个微笑、一声问候、一个会心的眼神……都是让人感到快乐的事情。

人生在世，难免要经历太多的不幸和挫折，如何去看待这些不幸和挫折，决定了你以后的人生轨迹。不要让自己短短几十年的光阴在悲叹中度过，而是要以一种乐观的心态去寻找快乐，创造幸福！

5

一沙一世界，种自己的菩提树

佛曰：“一沙一世界，一叶一菩提。”它的意思大概是说：“从一朵花里就可以看出整个世界，用一片叶子就能代表整棵菩提。”生活的一切原是由细节构成，如果一切归于有序，那么，决定成败的必将是微弱的细节。这就要求我们在做事情的时候，要注重细节，全力以赴从小事做起。

这不禁让我想起日本人气经理顾问小宫的成长之路。他每天到公司上班，第一件事就是打扫公司的厕所。十三年来，这项工作从未间断。在他看来，越是一般人看起来简单不起眼的小事情，就越应该以执着的傻劲好好做。正是这样的工作态度与人生观，使他从银行的小职员成长为独当一面的经理顾问。而小宫的“做好小事，好事自然就来”这句口头禅，也因此成为日本企业家共同的口头禅。

世间之大事无不是由小或积、或延、或变而来的，这样的道理或许人人皆知。然而，如今仍有人轻视自己身边的细节，仍不相信那些“没什么大不了”的细节对于造就一个成功者会具有巨大的影响。

我们每个人所做的工作，都是由一件件微不足道的小事组成的，但我们不能因为它小就忽视它。事实上，世界上所有的成功者，他们与我们都做着同样简单的小事，唯一的区别就是，他们从不认为他们所做的事是简单的小事。很多时候，一个看起来微不足道的细节，或者一个毫不起眼的变化，就能对你的成功起到关键的作用。

汪洋毕业于某正规中专学院的财会专业，毕业后，他不顾家人反对去一家快递公司做了快递员。虽然只是简单收发邮件，汪洋却是十分认真地对待自己工作中的每个细节。他戴着厚厚的眼镜，每天接送快递都穿着西装打着领带，就是在很热的天气里也要穿着衬衣，大多是白色的，领口扣得很整齐，始终穿着皮鞋，而且擦得很亮。说话时，脸会微微地红，有些羞涩，不像他的那些同行，穿着休闲装平底鞋，方便楼上楼下地跑，而且各个能说会道。他在接收快递时，总要再三核对好相关信息，确认无误后才肯发件；在送快递时，也要先确认签收人的身份，又等着接收后打开，看其中的物品是否有误，然后才肯离开。所以，他接送一个快件，花的时间往往要比其他人多一些，由此一来，他赚的钱也不是太多。很多熟悉他的客户，都笑他太笨，觉得这个行业真不是他这样的笨小子能做好的。

有一次，有一位客户跟他开玩笑说："你老穿这么规矩，一点不像送快递的，倒像卖保险的。"他认真地说："卖保险都穿得那么认真，送快递的怎么就不能？我刚培训时，领导说，去见客户一定要衣衫整洁，这是对对方最起码的尊重，也是对我们职业的尊重。"那位客户继续打趣他："对领导的话你就这么认真听啊？""听领导的话当然要认真！"他根本不介意客户是在调侃他，依旧这样认真地解释。那位客户无奈地笑了笑，心想："他大概是这行里最听话的员工吧！这么简单的工作，他做得比别人要辛苦多了，可这样的辛苦，最后能得到什么呢？虽然他看起来信心百倍，但是，他这么笨的人，想发展实在不太容易了。"

果然，汪洋的快递生涯一做就是两年。两年里他除去换了一副眼镜，衣着和言行基本上没有变化，工作态度依旧认真，从来没听到他有任何抱怨。所不同的是，有越来越多的客户与他签单，时不时还会有客户给这家快递公司打电话，夸赞这个小伙子做事认真，那些昔日暗地里嘲笑他的同事对他更是刮目相看。更为重要的是，汪洋两年来的工作态度与业绩都被老板看在眼里，记在心里，在年终总结大会上，老板为汪洋颁发了“优秀员工奖”，而且还提升他为分公司的经理。

由此可见，成功常常出自平凡，要想成就大事必须先做小事，高楼大厦是靠一砖一石一层一层建造起来的。正如海尔的总裁张瑞敏所说：“把每一件简单的事做好，就是不简单；把每一件平凡的事做好，就是不平凡。”

“要成就大事必须先做细节”，这是成就大事者常用的手段，世界上许多善于处世的人，无一不是在平凡的岗位从细节做起以成就一番事业的。只有这样的事业才会有持续发展壮大的基础，那些靠投机取巧起家的暴发户来得快去得也快。

没有人可以一步登天，如果你能够认真地对待每一件事，把那些平凡的细节做得很好，那么，你的人生之路就会越来越广，成就大事的愿望就一定能够实现。

对于初入职场的年轻人而言，不要太想着自己屈才了，只有把细节做到极致的好，才是基础，也是门面，更是一种信心。当你能把一件简单得不能再简单的事情做到极致，做到卓越，做成一种扎实的能力时，那么，成功便会水到渠成。

由细节入手，乃知乾坤有容。品味细节，从小事做起，你会更强大；考量细节，从点滴起步，你会更睿智。只有那些了解细节的闪光之美，坚持用细节来塑造自己，灵活运用细节带来的智慧宝典，不以善小而不为的人，才能种出属于自己的菩提树。

6

我的幸福我知道，不与人随便做比较

闺蜜小鸾参加完大学同学聚会回来，打电话和我一顿抱怨："这是什么同学会啊？分明就是个攀比会。聚会之前觉得不去参加会后悔，可是，参加之后更后悔。全班56个同学中，有一个同学因病去世，还有三分之一同学因为混得不好而以各种理由推脱没来，来参加同学会的大都是混出点名堂的同学，但他们多数都不是来叙旧的，不是来大肆炫耀，就是另有所图：瞧把A牛的，饭没吃完，便从腰包里拽出一沓钱要结账，分明就是在充大款；哼，还有我们那个班花B，浑身上下一身名牌，俨然就是个贵妇，可是，听C说，她的老公在外面养了个小三，很少回家，她为了维持现状也只好睁只眼闭只眼；当年的学霸D，刚从海外读博归来，可是，至今未嫁，你说，一个女人读那么多书干嘛？有个好的家庭才最重要；还有，那谁和谁，你看他们都是有家有业的人了，还在一起搂搂抱抱的，难怪人家说，同学会就是外遇的开始……”“哎，来参加同学会的同学中，我是混得最惨的了，不仅没有值得炫耀的工作，也没有富二代的老公……”小鸾深深地叹了一口气，仿佛自己是世界上最不幸的人。

我笑着问她：“没去参加同学会之前，你觉得自己过得幸福吗？”“幸福啊！”她很干脆地回答。于是，我把心里的想法一股脑地讲给她听：“那你为什么在去参加几个小时的同学会就感到不幸了呢？如果你不拿自己跟他们作比较，仅仅吃个饭、叙叙旧就走人，不就完了嘛？只要你觉得自己幸福就好了，无须与别人做比较。难道非要看着别人都过得比你惨，你才高兴吗？如果你还是觉得不爽，那你不如去思考一个问题，同样是一个学校、一个班级出来的，别人为什么会比你更加成功？他们是比你更加努力，还是比你付出更多？如果你实在想不开，那你就想想那些丢掉工作的，那些生病来不了的，还有已经去了天堂的同学，如此一来，你是不是应该感谢老天对你的眷顾呢？别再与人随便比较了，你的幸福你自己知道就好！”

小鸾沉默不语……

在生活中，很多人都有这样的心理，哪怕收入微薄、身居陋室、粗茶淡饭，只要不与外人攀比，就都会过得很好。但是，只要与周围的人一比较，你的问题马上就来了：谁谁月薪过万，而你还不到五千；谁谁的老公是公司老总，而你的男友只是打工仔；谁谁的房子就有四五套，而你还在四处租房子……道理就是这样简单，很多人之所以会感到不幸福，都是比较出来的。人往往不是自己过得不幸福，而是自己看起来不如别人幸福，这才是所有痛苦的根源！

其实看看自己的生活：有幸福的家人，有健康的身体，有几个贴心好友，有一份看起来还不错的工作。放在任何一个人眼里，这样的生活都不算是苦日子。虽然，现如今没有宅子，也没有大把的票子，但凭什么年纪轻轻就能在偌大的城市里拥有物质上的一切呢！

现实如此，所以，不要太着急，不要总想着在三十岁前就搞定一切的物质生活。当然，如果你有好的父母，可以顺带着享享福，对生活提些高要求。但是，既然咱只是平凡百姓家的平凡儿女，就要学会从平凡的日子过起，日子总会越过越好的。

我的朋友圈里有一个风云人物，她是我的高中同学乔安，是一家外企的人力资源经理，她有一个家境又好又帅气的老公，还生了一双萌呆了的女儿。她经常到世界各地，收到的礼物都是各种世界名牌。乔安是我在去年的同学聚会后加进朋友圈里来的，我每天早晨打开手机看微信，都会看到她“高大上”的靓照和丰富多彩的业余生活，让人都羡慕不已。

一天凌晨，我忙完手里的工作，准备上床睡觉，习惯性地拿起手机看了一眼，发现她竟发了一条微信说：“幸福是最难买到的奢侈品！”我丝毫没有在意，以为她是一时兴起，有感而发，如果连她都不幸福，世界上也不会有多少女人能感到幸福了。

然而，没过多久，我听说乔安离婚了，因为老公有外遇了。于是，她的微信风格发生了一百八十度的变化，开始了各种人生感悟和各种心灵鸡汤什么的，度假变成了去印度寻找灵修圣地，把孩子送到国际寄宿学校，还请了一个菲佣。于是，大家都感慨纷纷，连疗伤都疗得这么梦幻，离一百次婚都值啊！

最让我感到奇怪的是，在我们高中同学中，只有一位女生——子叶没有加入朋友圈，她曾是我们班级中最有名的“猜不出问题的你”。想当年，老师点她回答问题的时候，她总是回答错误，还一脸无辜的样子。老师和同学都知道，她小时候从床上摔下来伤过脑袋，父母由于愧疚而对她百般呵护，所以，对她的学习成绩根本就不做任何要求，老师同学也因此见怪不怪。后来，听说她考上了一所本城的二级本科大学，毕业后去了一所职业学校做了行政工作，还阴错阳差地在那所学校找了个老公。

有一次，我和子叶在街上巧遇，于是，便找了个咖啡厅坐下来聊聊天。她还是一副清水寡面的样子。我随口问她为什么不在微信群里说话，她憨笑着说她至今还不会使用微信呢，手机除了打电话、发短信，别无它用。我们聊了好一会，我终于忍不住问她：“你过得幸福吗？”她先是一愣，然后点点头说：“我一直觉得自己很幸福。我从小就摔坏脑子，当年成绩那么差，考试全靠猜，还能考上一个二本。而且，我家里又没有什么过硬的关系，我竟然还能找到现在这份有保障的工作。想当年，我的妈妈为我操了很多年的心，生怕我嫁不出去孤独终老，你看，我现在不仅有个疼我爱我的好老公，还有了一个懂事听话的儿子。这一切对我来说，我觉得都是上天对我的眷顾，所以，我觉得自己很幸福！”她想了一会，似乎明白了我问话的缘由，笑着说：“很多时候，我不愿意跟人家说我自己的生活，是因为我觉得没有必要向人炫耀自己的幸福，自己的幸福自己能感觉到就可以了，何必拿出来和别人做比较呢？你想，谁中了500万大奖会去满世界说去？”

子叶的一番话点醒了我，也让我由衷地表示赞同。昔日朋友圈里的一些“晒客”立即浮现在我眼前，他们有晒饭局的、晒时尚的、晒孩子的、晒心情的、晒恩爱的、晒潇洒的、晒成就的……他们之所以如此疯狂地晒出他们的生活，无非就是想把自己的幸福拿出来晒一晒，比一比，越晒越比，越比越晒，如此形成今日热闹非凡的朋友圈。

生活中确实有很多好的东西，我们不可能有那个福分，什么都能得到。老天总是给你一些，拿走一些。不要总是与别人去作比较，你要听从内心那些坚定的东西，清楚地知道自己是个什么样的人，知道自己真正想要的到底是什么。因为生活是你自己的，世界就在你的眼睛和心里。你要以当下的快乐和创造美好的回忆为目的而活着，然后以一种坦然的态度去接受生命的变化。